第2版
The Second Edition

建筑结构绘图技巧快速提高

CAD

谭荣伟　等编著 <<<

U0388390

化学工业出版社
·北京·

《建筑结构 CAD 绘图技巧快速提高》（第二版）以 AutoCAD 最新简体中文版本（AutoCAD 2018 版本）作为设计软件平台，精选建筑结构专业 AutoCAD 绘图操作中各种高级绘图与编辑修改技巧和实用方法，包括从绘图系统设置到图形文件操作技巧，从图形绘制到编辑修改技巧，从图形文字尺寸标注到图形转换输出及打印技巧、建筑结构绘图设计实例技巧强化等，是建筑结构 CAD 绘图各种高级技巧与方法的大揭秘和全面展示。通过学习本书，可以帮助读者极为有效地提高 CAD 绘图技能，快速掌握 CAD 绘图精华。为了方便学习，各个章节讲解案例 CAD 图形提供网络直接快捷下载使用。

　　本书非常适合有一定 AutoCAD 绘图操作知识的建筑结构工程相关人员，包括建筑结构工程、土木工程、桥梁工程、建筑施工管理、建筑工程监理等相关专业设计师与技术管理人员使用，也可以作为高等院校、职业技术学院、成人教育等学校相关专业师生的教学、自学图书以及相关领域人员快速提高 CAD 操作技能的培训教材。

图书在版编目（CIP）数据

建筑结构 CAD 绘图技巧快速提高 / 谭荣伟等编著. —
2 版. —北京：化学工业出版社，2018.8
　ISBN 978-7-122-32352-1

Ⅰ.①建… Ⅱ.①谭… Ⅲ.①建筑结构-计算机辅助
设计-AutoCAD 软件 Ⅳ.①TU311.41

中国版本图书馆 CIP 数据核字（2018）第 120192 号

责任编辑：袁海燕

责任校对：王　静　　　　　　　　　　　　装帧设计：刘丽华

出版发行：化学工业出版社（北京市东城区青年湖南街 13 号　邮政编码 100011）
印　　装：北京印刷集团有限责任公司
787mm×1092mm　1/16　印张 15¾　字数 403 千字　2018 年 9 月北京第 2 版第 1 次印刷

购书咨询：010-64518888　　　　　　　售后服务：010-64518899
网　　址：http://www.cip.com.cn
凡购买本书，如有缺损质量问题，本社销售中心负责调换。

定　　价：68.00 元

《建筑结构 CAD 绘图技巧快速提高》自出版以来，由于其内容切合建筑结构设计及其实际应用，操作精要实用、技巧丰富、易于掌握应用、针对性强，深受广大读者欢迎和喜爱。

基于计算机信息技术的迅猛发展及"互联网+"的不断创新，建筑结构设计及管理技术的不断发展，CAD 软件也不断更新换代，功能不断完善，第一版中的部分内容也需要相应更新调整或补充，以适应目前 CAD 软件新技术操作的实际情况和真实需要。为此，本书作者根据新版的 CAD 软件版本，对该书进行适当的更新与调整，既保留了原书的切合实际、简洁实用、内容丰富等特点，又使得本书从内容上保持与时俱进，形式上图文并茂，操作上更加实用。主要修改及调整内容包括：

- 按照新版 AutoCAD 2018 软件进行相关操作功能及命令讲述等内容的调整及更新，使得本书对不同版本的 AutoCAD 软件具有更强的通用性和灵活的适用性，即可以作为各个版本的学习参考教材（如早期的 2004、2012、2016 版本）。

- 增加补充了部分 CAD 绘图及编辑修改技巧内容。

本书通过"互联网+"分享功能，提供书中各章讲解案例的 CAD 图形文件，读者随时登录书中提供的网址下载学习使用，更加快捷便利。

本书以 AutoCAD 新版简体中文版本（AutoCAD 2018 版本）作为设计软件平台，精选建筑结构专业 AutoCAD 绘图操作中各种高级绘图与编辑修改技巧和实用方法，这些 CAD 操作技巧例例精彩，招招实用，有的可能还是"独门秘籍"；这些技能及方法也可能是课堂上学不到，网上搜不到，熟人教不了的。

《建筑结构 CAD 绘图技巧快速提高》（第二版）由作者精心构思、认真撰写，是作者多年实践经验的总结，注重理论与实践相结合，示例丰富、实用性强、叙述清晰、通俗易懂、使用和可操作性强，更适合建筑结构专业人员学习 CAD 绘图时使用，是一本真正指导提高 CAD 绘图技能的参考书。

通过学习掌握本书所述建筑结构专业 CAD 绘图技巧与方法，可以使读者的建筑结构 CAD 绘图技能突飞猛进，真正实现质的飞跃，快速从 CAD 绘图菜鸟蜕变成为 CAD 绘图高手。本书可以结合化学工业出版社出版的《建筑结构 CAD 绘图快速入门》一书进行学习。

本书非常适合有一定 AutoCAD 绘图操作知识的建筑结构工程相关人员学习使用，也可作为高等院校、培训学校的教材。

本书主要由谭荣伟组织修改及编写，李淼、王军辉、许琢玉、卢晓华、黄冬梅、谭斌华、苏月风、许鉴开、谭小金、李应霞、赖永桥、潘朝远、孙达信、黄艳丽、杨勇、余云飞、卢芸芸、黄贺林、许景婷、吴本升、黎育信、黄月月、韦燕姬、罗尚连、卢橦橦、谭清华、黄子元等参加了相关章节编写。由于编者水平有限，虽然经过再三勘误，仍难免有纰漏之处，欢迎广大读者予以指正。

编著者
2018 年·夏

建筑结构（Architectural Structure）是指建筑物（包括构筑物）中由建筑材料做成用于承受各种荷载或者作用、以起骨架作用的空间受力体系。建筑结构为建筑及其设施正常使用、创造建筑安全和舒适的室内环境等提供重要支持骨架，其作用举足轻重。建筑结构各个专业的设计师、工程师和相关工程技术人员，需熟练掌握 CAD 进行建筑结构设计和制图，才能更好地应对工程实践中的各种情况，处理施工现场的图纸变更、工程验收、质量监督等工作；才能更好地为施工现场工作提供全面指导，加强设计与施工的沟通，确保设计及施工的质量和工程建设的顺利进行。

早期的建筑结构专业图纸主要是手工绘制，绘图的主要工具和仪器有绘图桌、图板、丁字尺、三角板、比例尺、分规、圆规、绘图笔、铅笔、曲线板和建筑模板等。随着计算机及其软件技术的快速发展，在现在工程设计中，图纸的绘制都已经数字化，使用图板、绘图笔和丁字尺等工具手工绘制图纸很少见。基本都使用计算机进行图纸绘制，然后使用打印机或绘图仪输出图纸。

计算机硬件技术的飞速发展，使更多更好、功能强大全面的工程设计软件得到更为广泛的应用，其中 AutoCAD 无疑是比较成功的典范。AutoCAD 是美国 Autodesk（欧特克）公司的通用计算机辅助设计（Computer Aided Design，CAD）软件，AutoCAD R1.0 是 AutoCAD 的第 1 个版本，于 1982 年 12 月发布。AutoCAD 至今已进行了十多次的更新换代，包括 DOS 版本 AutoCAD R12、Windows 版本 AutoCAD R14~2009、功能更为强大的 AutoCAD 2010~2014 版本等，在功能、操作性和稳定性等诸多方面都有了质的变化。凭借其方便快捷的操作方式、功能强大的编辑功能以及能适应各领域工程设计多方面需求的功能特点，AutoCAD 已经成为当今工程领域进行二维平面图形绘制、三维立体图形建模的主流工具之一。

本书以 AutoCAD 最新简体中文版本（AutoCAD 2013 及 AutoCAD 2014 版本）作为设计软件平台，精选建筑结构专业 AutoCAD 绘图操作中各种高级绘图与编辑修改技巧和实用方法，这些方法技巧均是源于作者操作实践经验，并总结整理而成，目的是为更多 AutoCAD 使用者学习掌握更多更全的操作技能提供参考，拓宽 AutoCAD 室内装修设计绘图操作视野，真正达到轻松学习、快速使用、全面提高的目的。由于 AutoCAD 大部分绘图功能命令是基本一致或完全一样的，因此本书也适合 AutoCAD 2013 以前版本（如 AutoCAD 2004 至 AutoCAD 2012）或 AutoCAD 2013 以后更高版本（如 AutoCAD 2014）的学习。

书中所述建筑结构及相关专业 AutoCAD 绘图操作中各种高级绘图与编辑修改技巧和实用方法，包括从绘图系统设置到图形文件操作技巧，从图形绘制到编辑修改技巧，从图形文字尺寸标注到图形转换输出及打印技巧、建筑结构绘图设计实例技巧强化等，是建筑结构 CAD 绘图各种高级技巧与方法的大揭秘和全面展示。这些技巧例例精彩，招招实用，有的可能还是"独门秘籍"。这些技能及方法也可能课堂上学不到，网上搜不到，熟人教不了。通过学习本书，可以帮助读者极为有效地提高 CAD 绘图技能，快速掌握 CAD 绘图精华，许多绘图困惑或许会迎刃而解，益处多多。掌握本书所述建筑结构专业 CAD 绘图技巧与方法，将会使读者的建筑结构 CAD 绘图技能突飞猛进，真正实现质的飞跃，快速从 CAD 绘图菜鸟蜕变成为 CAD 绘图高手。此外，书中相关讲解案例的 CAD 图形(DWG 格式文件) 以网盘方式提供网络直接下载，方便快捷。

本书由作者精心构思、认真撰写，是作者多年实践经验的总结，注重理论与实践相结合，示例丰富、实用性强、叙述清晰、通俗易懂、使用和可操作性强，更适合实际建筑结构专业人员学习 CAD 绘图时使用，是一本真正指导提高 CAD 绘图技能的参考书。

本书非常适合有一定 AutoCAD 绘图操作知识的建筑结构工程相关人员，包括建筑结构工程、土木工程、桥梁工程、建筑施工管理、建筑工程监理等相关专业设计师与技术管理人员使用，是一本能够快速提高读者建筑结构图纸 CAD 绘制水平和技能的实用指导用书，也可以作为高等院校、职业技术学院、成人教育和自考等学校相关专业师生的教学、自学图书以及社会相关领域快速提高 CAD 操作技能的培训教材。对于还没有 AutoCAD 绘图操作知识的读者，可以结合化学工业出版社出版的《建筑结构 CAD 绘图快速入门》一书，同样可以做到快速入门掌握 CAD 绘图方法，并快速提高 CAD 绘图技能，一举两得。

本书主要由谭荣伟负责策划和组织编写，谭荣伟、李淼、黄仕伟、雷隽卿、王军辉、许琢玉、卢晓华、黄冬梅、苏月风、许鉴开、谭小金、李应霞、赖永桥、潘朝远、孙达信、黄艳丽、杨勇、余云飞、卢芸芸、黄贺林、许景婷、吴本升、黎育信、黄月月、韦燕姬、罗尚连等参加了相关章节编写。由于编者水平有限，虽然经过再三勘误，但仍难免有纰漏之处，欢迎广大读者予以指正。

编著者

2013 年 7 月

4 第 4 章
建筑结构 CAD 图形修改技巧快速提高

5

第 5 章
建筑结构 CAD 图形尺寸文字标注技巧快速提高

6

第 6 章
建筑结构 CAD 图形打印与转换技巧快速提高

7

第 7 章
建筑基础结构 CAD 绘图技巧快速提高

第 1 章

建筑结构 CAD 绘图设置技巧快速提高

本章主要介绍使用 AutoCAD 进行建筑结构绘图操作中，其绘图界面及环境参数设置的一些操作技巧，以通过参数设置优化，有效提高建筑结构 CAD 绘图效率和基本技能。本书可以结合化学工业出版社出版的《建筑结构 CAD 绘图快速入门》一书进行学习。

对于学习建筑结构 CAD 绘图，学习者不要害怕进行操作出错而不敢进行操作，要敢于动手去尝试，具体真实地感受操作的特点和要领。建筑结构 CAD 绘图技巧的掌握在于多练习，多操作，熟能生巧。

特别说明：本书所讲述的 CAD 操作技巧，大部分是基于稍高版本如 AutoCAD 2018 版本进行讲解的。但由于各个版本 AutoCAD 基本功能命令和参数变量基本一致的，因此大部分 CAD 绘图技巧是通用的。其他版本可以参照设置进行学习和应用，对于版本相近的高版本（如 AutoCAD 2010~2017 等）大部分功能操作基本是一致的，只是少数功能命令有所增加，而对于版本相差稍大的低版本（如 AutoCAD 2004~2009 版本或 AutoCAD R14 版本），可能有的功能或技巧操作因 CAD 版本低，有较多功能命令还不具备，但不妨也了解学习一下，俗话说"技不压身"。

注：图中箭头符号 ➡➡ 表示操作顺序，后同此。

1.1 建筑结构 CAD 绘图 F1~F12 功能键操作使用技巧

技巧内容

AutoCAD 系统设置了一些键盘上 F1~F12 键功能，其各自功能作用如下：

（1）F1 键

按下 F1 键，AutoCAD 显示"帮助"窗口，可以查询功能命令、操作指南等帮助说明文字。注意，从 AUTOCAD 2014 版本开始，AutoCAD 的帮助功能文件（AutoCAD 2014~2018

脱机帮助，AutoCAD 2014～2018 Offline Help）需要单独下载安装（下载位置：www.autodesk.com.cn 网站），安装后如没有安装在 AutoCAD 2014～2018 软件默认的 HELP 目录下，则需要添加相应的文件路径。打开"工具—选项—文件"对话框中的"帮助和其他文件名"可以看到其存放位置，见图 1.1。

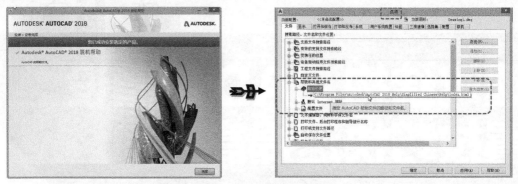

（a）AutoCAD 2018 脱机帮助单独安装

（b）AutoCAD 2013 和 AutoCAD 2018 帮助文件

图 1.1　F1 键功能

（2）F2 键

按下 F2 键，AutoCAD 弹出显示命令文本窗口，可以查看操作命令历史记录过程。在该窗口中可以对命令及提升进行复制操作。图 1.2 为弹出不同版本的显示命令文本窗口。

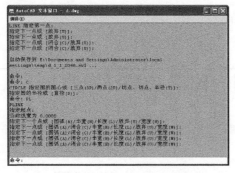
（a）低版本显示效果（如 AutoCAD 2014）

（b）高版本显示效果（如 AutoCAD 2018）

图 1.2　F2 键功能显示文本窗口

（3）F3 键

开启、关闭对象捕捉功能。按 F3 键，AutoCAD 将控制绘图对象捕捉进行切换。按一下

F3 键，关闭对象捕捉功能，再按一下，则启动对象捕捉功能。打开"工具"下拉菜单，选择"绘图设置"选项，再在"草图设置"对话框中选择相应的功能项目即可进行设置，见图 1.3。

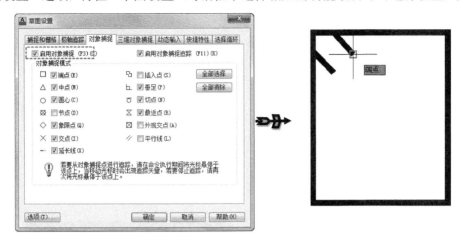

图 1.3　F3 键功能

（4）F4 键

开启、关闭三维对象捕捉功能。打开"工具"下拉菜单，选择"绘图设置"选项，再在"草图设置"对话框中选择相应的功能项目即可进行设置，见图 1.4。

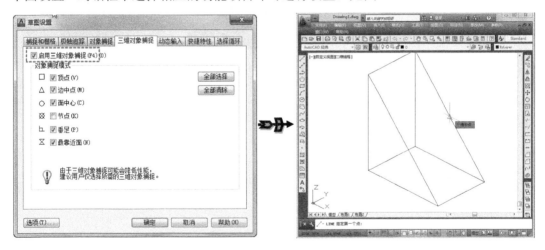

图 1.4　F4 键功能

（5）F5 键

按 F5 键，AutoCAD 将切换等轴测平面不同视图，包括等轴测平面俯视、等轴测平面右视、等轴测平面左视，这在绘制等轴测图时使用，见图 1.5。

（6）F6 键

按 F6 键，AutoCAD 将控制开启或关闭动态 UCS 坐标系。这在绘制三维图形使用 UCS 时使用，见图 1.6。

（7）F7 键

按 F7 键，AutoCAD 将控制显示或隐藏格栅线。打开"工具"下拉菜单，选择"绘图设置"选项，再在"草图设置"对话框中选择相应的功能项目即可进行设置，见图 1.7。

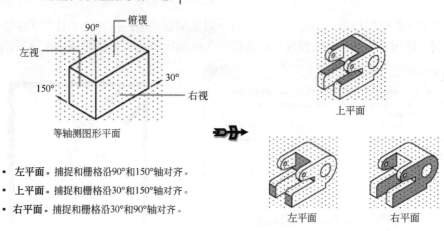

图 1.5　F5 键功能

- **左平面**。捕捉和栅格沿90°和150°轴对齐。
- **上平面**。捕捉和栅格沿30°和150°轴对齐。
- **右平面**。捕捉和栅格沿30°和90°轴对齐。

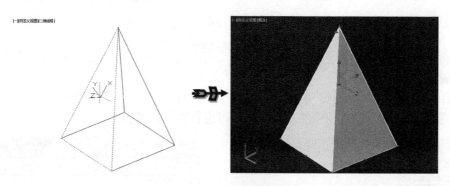

图 1.6　F6 键功能

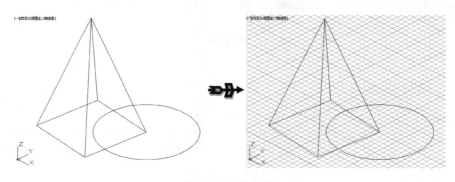

图 1.7　F7 键功能

（8）F8 键

按 F8 键，AutoCAD 将控制绘图时图形线条是否为水平／垂直方向或倾斜方向，称为正交模式控制，见图 1.8。

（9）F9 键

按 F9 键，AutoCAD 控制绘图时通过指定栅格距离大小设置进行捕捉。与 F3 键不同，F9 键控制捕捉位置是不可见矩形栅格距离位置，以限制光标仅在指定的 X 和 Y 间隔内移动。打开或关闭此种捕捉模式，可以通过单击状态栏中的"捕捉模式"、按 F9 键或使用 SNAPMODE 系统变量，来打开或关闭捕捉模式。打开"工具"下拉菜单，选择"绘图设置"选项，再在"草图设置"对话框中选择相应的功能项目即可进行设置，见图 1.9。

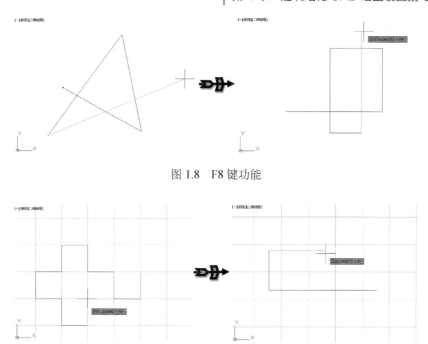

图 1.8　F8 键功能

图 1.9　F9 键功能

（10）F10 键

按 F10 键，AutoCAD 将控制开启或关闭极轴追踪模式（极轴追踪是指光标将按指定的极轴距离增量进行移动）。打开"工具"下拉菜单，选择"绘图设置"选项，再在"草图设置"对话框中选择相应的功能项目即可进行设置，见图 1.10。

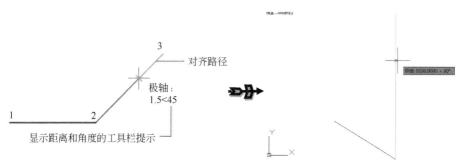

图 1.10　F10 键功能

（11）F11 键

按 F11 键，AutoCAD 将控制开启或关闭对象捕捉追踪模式。打开"工具"下拉菜单，选择"绘图设置"选项，再在"草图设置"对话框中选择相应的功能项目即可进行设置，见图 1.11。

（12）F12 键

按 F12 键，AutoCAD 将控制开启或关闭动态输入模式。打开"工具"下拉菜单，选择"绘图设置"选项，再在"草图设置"对话框中选择相应的功能项目即可进行设置，见图 1.12。

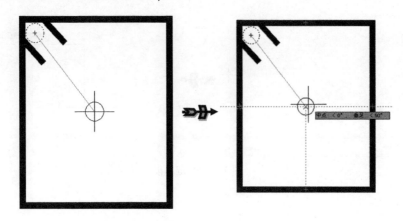

图 1.11　F11 键功能

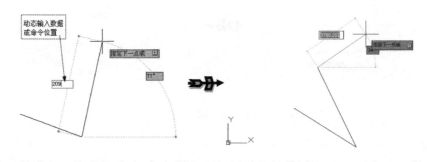

图 1.12　F12 键功能

技巧操作

　　要使用按键（F1～F12 键）的相应功能，在绘图操作中直接按相关按键（F1～F12 键）即可执行该按键的功能。

1.2　建筑结构 CAD 绘图屏幕坐标系显示设置技巧 ‹‹‹‹

技巧内容

　　根据需要，可以关闭或打开当前 CAD 屏幕的 UCS 坐标系图标显示，同时可以修改 UCS 图标的大小和颜色，见图 1.13。

技巧操作

（1）打开"视图"下拉菜单，选择"显示"→"UCS 图标"→"开/关"命令即可。也可以在命令行下输入"UCSICON"功能命令后，再输入参数"OFF"或"ON"回车即可关闭或启动显示 UCS 坐标系图标，见图 1.14。

命令：UCSICON

输入选项 [开(ON)/关(OFF)/全部(A)/非原点(N)/原点(OR)/可选(S)/特性(P)] <开>：off

（2）此外，还可以修改坐标系图标的显示大小。方法是打开"视图"下拉菜单，选择"显示"→"UCS 图标"→"特性"命令即可。也可以在命令行下输入"UCSICON"功能命令后，再输入参数"P"回车即可。再在弹出的"UCS 图标"对话框中对 UCS 图标大小进行设置，大小数值只能为 5～95，一般默认值为 50。同时也可以修改 UCS 坐标系图标的颜色，见图 1.15。

命令:UCSICON

输入选项 [开(ON)/关(OFF)/全部(A)/非原点(N)/原点(OR)/可选(S)/特性(P)] <开>: p

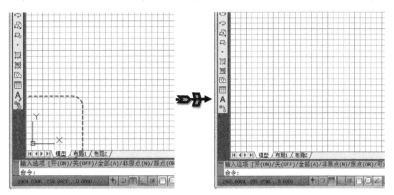

图 1.13　关闭或打开坐标系图标显示

（a）经典模式显示界面

（b）新版本显示界面

图 1.14　关闭或启动 UCS

（a）UCS 修改方法

（b）UCS 修改前后坐标显示效果对比

图 1.15　修改坐标系图标的显示大小

（3）按照喜欢的大小和颜色效果设置 UCS 图标大小，见图 1.16。

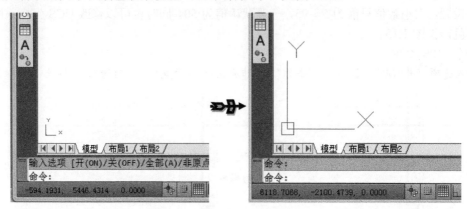

图 1.16　不同大小的 UCS 图标效果

1.3　建筑结构 CAD 绘图十字光标大小控制技巧 ‹‹‹‹

技巧内容

在 CAD 绘图操作中，光标一般是以十字光标的形式显示的。可以通过设置按需要修改十字光标的大小，也可以按屏幕大小的百分比确定十字光标的大小，见图 1.17。

图 1.17　不同十字光标大小

技巧操作

（1）单击"工具"下拉菜单，选择其中的"选项"命令，在弹出的"选项"对话框中，单击"显示"标签，再单击拖动"十字光标大小"按钮即可调整。也可以在屏幕中任意区域单击右键，在弹出的快捷菜单中选择"选项"命令，见图 1.18。

（2）十字光标大小为 1～100 个单位，默认设置是 5 个单位。一般按照屏幕大小和个人需要进行调整修改，见图 1.19。

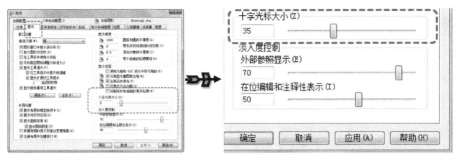

图 1.18　调整十字光标大小

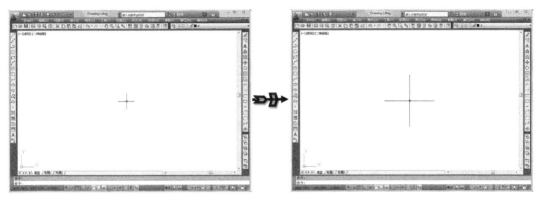

图 1.19　不同单位大小的十字光标

1.4 建筑结构 CAD 绘图区域修改背景颜色技巧 ◀◀◀◀

技巧内容

　　基于绘图操作个性化需要，常常要对 CAD 绘图界面环境进行新的设置或调整，以适合自己的绘图特点和要求。例如，有的人喜欢绘图界面屏幕颜色是黑色的，有的人则喜欢绘图界面屏幕颜色是白色的，因人而异。改变 CAD 绘图区域界面背景的颜色，例如，由于绘图需要，常常需要将 CAD 操作界面黑色背景改为白色，或由白色改为黑色，见图 1.20。

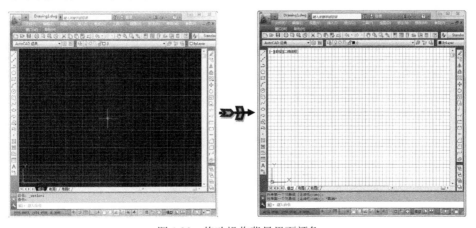

图 1.20　修改操作背景界面颜色

技巧操作

（1）单击"工具"下拉菜单，选择其中的"选项"命令，在弹出的"选项"对话框中，单击"显示"标签，再单击"颜色"按钮。也可以在屏幕中任意区域单击右键，在弹出的快捷菜单中选择"选项"命令，见图 1.21。

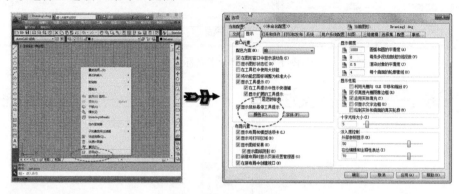

图 1.21 "显示"选项卡

（2）在弹出的"图形窗口颜色"对话框中选择"二维模型空间"和"统一背景"，即可设置操作区域背景显示颜色，再在颜色栏单击选择颜色，见图 1.22。

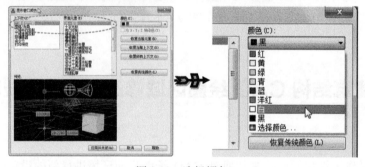

图 1.22 选择颜色

（3）最后单击"应用并关闭"按钮返回前一对话框，最后单击"确定"按钮即可完成设置。操作界面背景颜色根据个人绘图习惯设置，一般为白色或黑色。可以选择颜色，将操作界面背景颜色设置为任意颜色效果，见图 1.23。

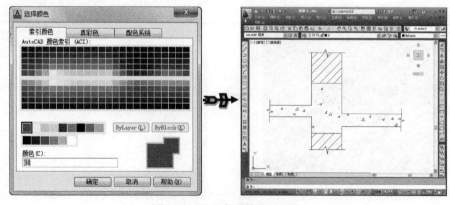

图 1.23 设置喜欢的背景颜色

1.5 建筑结构 CAD 绘图窗口显示大图标工具栏设置方法 <<<<

技巧内容

在计算机屏幕大小允许或足够大的情况下，若喜欢工具栏为大图标显示或视力不是很好，可以将工具栏图标设置为大图标，看起来比较清楚，见图 1.24。

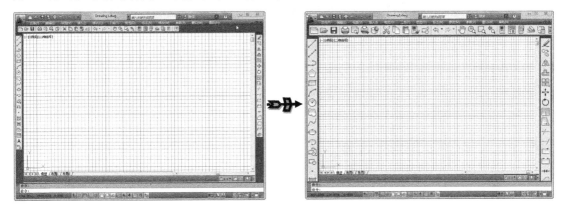

图 1.24 工具栏大图标显示（大小图标对比）

技巧操作

（1）单击"工具"下拉菜单，选择其中的"选项"命令，在弹出的"选项"对话框中，单击"显示"标签。在"窗口元素"下勾取"在工具栏中使用大按钮"复选框即可，然后单击"确定"按钮，见图 1.25。

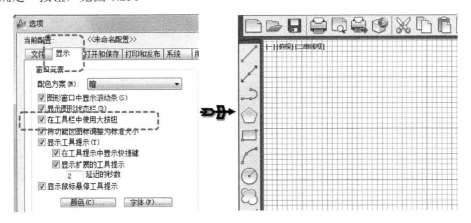

图 1.25 设置工具栏大图标

（2）若要取消工具栏大图标显示，恢复默认图标大小，在"显示"对话框中取消勾取"在工具栏中使用大按钮"复选框即可。

1.6 建筑结构 CAD 绘图屏幕全屏显示控制设置技巧 <<<<

技巧内容

全屏显示模式是指屏幕上仅显示菜单栏、"模型"选项卡和布局选项卡（位于图形底部）、状态栏和命令行。其他内容全部隐藏不显示，目的是扩大绘图区域。全屏显示模式比较适合对 CAD 操作及其功能命令比较熟悉的绘图用户，见图 1.26。

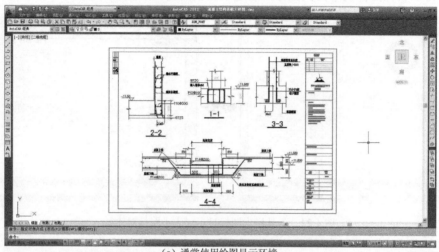

（a）通常使用绘图显示环境

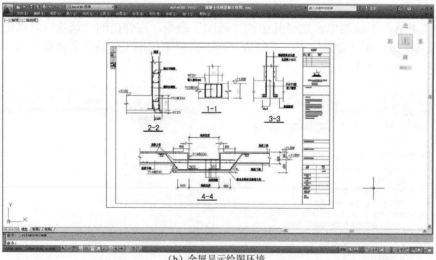

（b）全屏显示绘图环境

图 1.26　CAD 绘图全屏显示设置

技巧操作

（1）打开"视图"下拉菜单，选择"全屏显示"选项即可进入全屏显示模式。或者在命令行下输入"CLEANSCREEON"、"CLEANSCREENOFF"，即可以实现全屏显示模式和一般显示模式之间的切换。

命令：CLEANSCREENOFF

或：

命令：CLEANSCREENON

（2）也可以使用"全屏显示"按钮，该按钮位于应用程序状态栏的右下角，直接单击该按钮图标即可实现开启或关闭全屏显示模式。反复单击该按钮即可在全屏显示模式和一般显示模式之间自动切换，见图1.27。

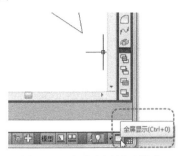

图 1.27　启动全屏显示模式

1.7　建筑结构 CAD 图形显示精度控制设置技巧 ◄◄◄

技巧内容

在 CAD 绘图中，常常会遇到绘制的圆形或弧线、曲线等并不光滑，甚至显示为折线。此外，使用鼠标中间滚轮缩放当前视图时，当前视图到一定程度后不能缩小，有时视图甚至没有变化。造成这种情况的原因是当前图形显示精度设置偏低。对其进行修改设置即可。

图形当前视图中图形显示精度设置也即设置当前视口中对象的分辨率，其功能命令是 VIEWRES。VIEWRES 使用短矢量控制圆、圆弧、样条曲线和圆弧式多段线的外观。矢量数目越大，圆或圆弧的外观越平滑。例如，如果创建了一个很小的圆然后将其放大，它可能显示为一个多边形。使用 VIEWRES 增大缩放百分比并重生成图形，可以更新圆的外观并使其平滑，见图1.28。

VIEWRES 设置保存在图形中。要更改新图形的默认值，需指定新图形所基于的样板文件中的 VIEWRES 设置。如果命名（图纸空间）布局首次成为当前设置而且布局中创建了默认视口，此初始视口的显示分辨率将与"模型"选项卡视口的显示分辨率相同。

(a) VIEWRES＝1000　　　　　　　　(b) VIEWRES=20000

图 1.28　不同 VIEWRES 数值钢筋截面显示效果

技巧操作

（1）若显示精度较低，则图形（主要是弧线、圆形等）显示效果是一段一段的折线，图线显得不太光滑，见图 1.29。在命令行下输入 VIEWRES 功能命令，将缩放百分比设置为最大 20000。圆的缩放百分比范围为 1～20000，系统默认的数值是 1000。

命令：VIEWRES

是否需要快速缩放？[是(Y)/否(N)] <Y>：Y

输入圆的缩放百分比 (1~20000) <1000>：20000（输入 20000 后回车）

正在重生成模型。

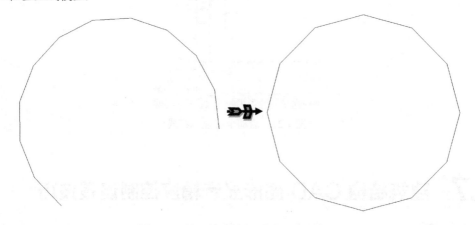

图 1.29　显示精度较低下图形显示效果

（2）也可以打开"工具"下拉菜单选择"选项"命令。在弹出的"选项"对话框中单击"显示"标签，将"显示精度"设置修改为 2000，然后单击"确定"按钮即可，见图 1.30。

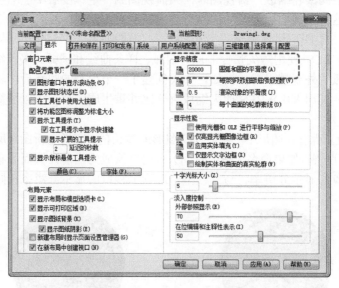

图 1.30　设置显示精度

（3）打开"视图"下拉菜单选择"全部重生成"命令，即可按新的高精度重新显示图形效果，此时图线将显得较光滑，见图 1.31。

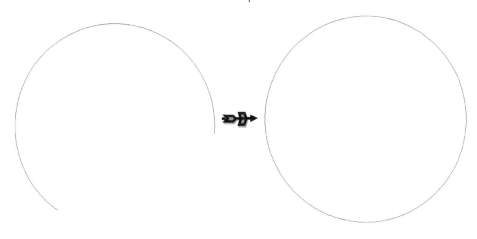

图 1.31　按高精度重新显示图形效果

1.8 建筑结构 CAD 重叠图形与图片调整显示次序技巧 <<<

技巧内容

　　重叠对象（例如文字、宽多段线和实体填充多边形、图片）通常按其创建次序显示，新创建的对象显示在现有对象前面。可以使用 DRAWORDER 改变所有对象的绘图次序（显示和打印次序），使用 TEXTTOFRONT 可以更改图形中所有文字和标注的绘图次序，见图 1.32。

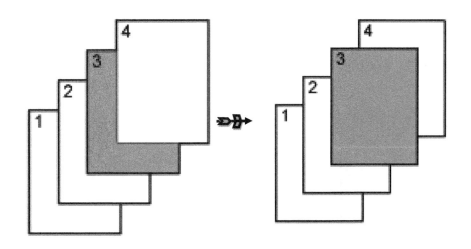

图 1.32　控制调整图形显示次序

技巧操作

（1）需要将如图 1.33 所示的图片显示在 CAD 图形上，即图片不要被 CAD 图形遮挡。这就需要使用 CAD 提供的绘图次序功能来调整。

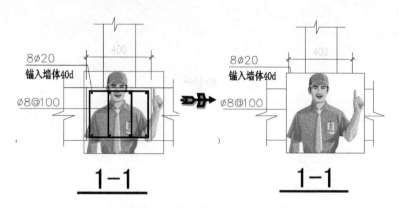

图 1.33　需要的图形对象显示要求

（2）先单击选择图片对象，然后单击右键，弹出快捷菜单，选择"绘图次序"命令，再根据需要选择"前置"选项。也可以打开"工具"下拉菜单，选择"绘图次序"选项及相应功能选项，然后选择要调整次序的图形即可，见图 1.34。

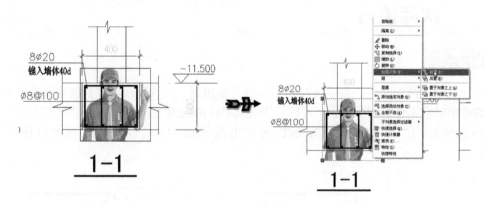

图 1.34　进行显示次序调整

（3）按上述方法，根据需要调整各个图形、图片对象的前后显示关系，见图 1.35。

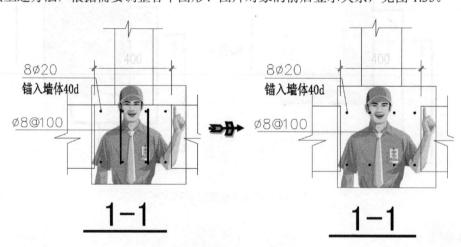

图 1.35　调整图形对象显示次序结果

1.9　建筑结构 CAD 绘图视图设置多个窗口技巧 ◁◁◁◁

技巧内容

在 CAD 图形绘制中，默认的操作视图窗口（视口）是一个。有时为了绘图需要，可以将窗口中设置为多个，但各个窗口中显示的图形内容是一致的。操作时只能激活其中一个视图窗口中进行操作，其他非活动窗口中显示的图形则是不变的，最后可以合并为一个。视口操作在观察对比同一图形不同部位情况及三维绘图中常常使用，见图 1.36。

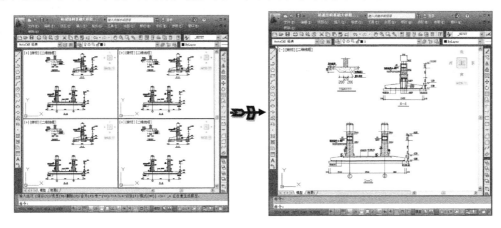

图 1.36　多视图窗口

技巧操作

（1）打开"视图"下拉菜单，选择"视口"选项。在弹出的子菜单中选择"两个视口"等相应选项即可。在弹出的命令行提示中可以选择按水平或垂直划分视口，见图 1.37。

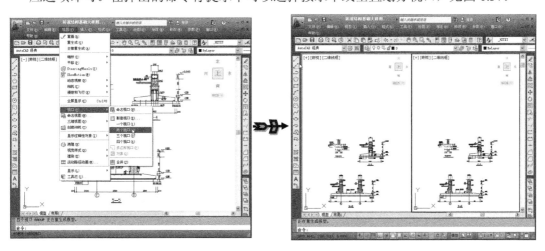

图 1.37　选择"两个视口"设置

命令：vports

输入选项 [保存(S)/恢复(R)/删除(D)/合并(J)/单一(SI)/?/2/3/4/切换(T)/模式(MO)] <3>: 2

输入配置选项 [水平(H)/垂直(V)] <垂直>：

正在重生成模型。

自动保存到 C:\Users\T-H\my documents\Drawing1_1_1_4905.sv$ ...

（2）也可以使用 VPORTS 功能命令进行操作。在命令行输入"VPORTS"后，系统弹出"视口"对话框，可以在对话框中进行视口名称、视口数量和视口布局预览等，最后单击"确定"按钮即可。设置多少视口根据绘图需要进行，见图 1.38。

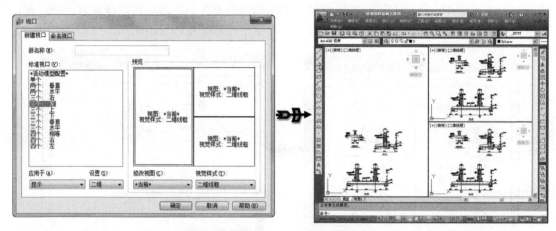

图 1.38　使用 VPORTS 功能设置视口

1.10 建筑结构 CAD 图形中插入 JPG/BMP 图片方法

技巧内容

根据需要，在 CAD 图形中经常需要插入一些光栅图片（JPG/BMP 格式文件）。此外，较高 CAD 版本还可以插入 PDF 格式文件。插入图片后还可以对图片进行编辑操作，见图 1.39。

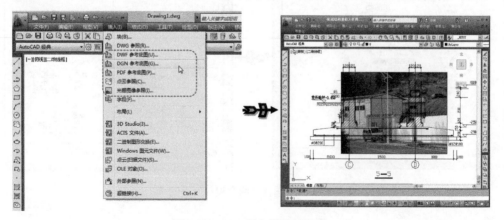

图 1.39　CAD 插入图片等文件

技巧操作

（1）以插入 JPG/BMP 图片为例说明 CAD 插入图片的方法，插入 PDF 其他格式文件方法见第二章 2.8 节。打开"插入"下拉菜单选择"光栅图像参照"选项，在弹出的"选择参照文件"对话框中选择要插入的图片，然后单击"打开"按钮，见图 1.40。

图 1.40　选择插入图片（1）

（2）在弹出的"附着图像"对话框中选择相应选项，可以使用默认参数，见图 1.41。

图 1.41　选择插入图片（2）

（3）在窗口中指定图片插入位置及大小等，见图 1.42。

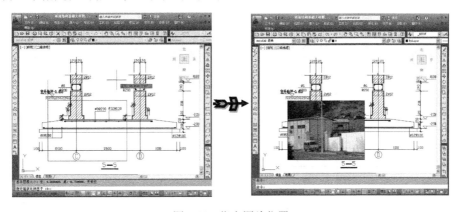

图 1.42　指定图片位置

（4）选中图片，然后单击右键弹出快捷菜单，选择相应命令即可编辑图片，见图 1.43。

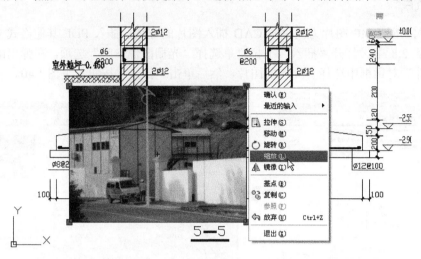

图 1.43　编辑图片

1.11 建筑结构绘图 AutoCAD 常用默认快捷键组合使用方法

技巧内容

AutoCAD 快捷键是指用于启动命令的键组合。例如，可以按"Ctrl+O"组合键打开文件，按"Ctrl+S"组合键保存文件，效果与从快速访问工具栏或"文件"菜单中单击"打开"和"保存"相同。表 1.1 列出了 AutoCAD 快捷键对应的默认操作。注意一点，组合键中的数字键需使用键盘上侧第 2 行的数字键，使用右侧的数字键可能不起作用。按照上述组合键形式可以有选择地使用练习看看效果，有的快捷键不一定习惯。此外，因 CAD 版本不同，其功能也可能有所不同，但大部分是一致的。

技巧操作

按表 1.1 所列组合形式方法进行组合操作即可执行。

表 1.1　AutoCAD 默认快捷键对应的操作（2018 版本）

序号	快捷键（组合形式）	功能及作用
1	Alt+F4	关闭应用程序窗口
2	Alt+F8	显示"宏"对话框（仅限于 AutoCAD）
3	Alt+F11	显示"Visual Basic 编辑器"（仅限于 AutoCAD）
4	Ctrl+F2	显示文本窗口
5	Ctrl+F4	关闭当前图形
6	Ctrl+F6	移动到下一个文件选项卡
7	Ctrl+0	切换"全屏显示"
8	Ctrl+1	切换特性选项板

序号	快捷键（组合形式）	功能及作用
9	Ctrl+2	切换设计中心
10	Ctrl+3	切换"工具选项板"窗口
11	Ctrl+4	切换"图纸集管理器"
12	Ctrl+6	切换"数据库连接管理器"（仅限于 AutoCAD）
13	Ctrl+7	切换"标记集管理器"
14	Ctrl+8	切换"快速计算器"选项板
15	Ctrl+9	切换"命令行"窗口
16	Ctrl+A	选择图形中未锁定或冻结的所有对象
17	Ctrl+Shift+A	切换组
18	Ctrl+B	切换捕捉
19	Ctrl+C	将对象复制到 Windows 剪贴板
20	Ctrl+Shift+C	使用基点将对象复制到 Windows 剪贴板
21	Ctrl+D	切换动态 UCS（仅限于 AutoCAD）
22	Ctrl+E	在等轴测平面之间循环
23	Ctrl+Shift+E	支持使用隐含面，并允许拉伸选择的面
24	Ctrl+F	切换执行对象捕捉
25	Ctrl+G	切换栅格显示模式
26	Ctrl+H	切换 PICKSTYLE
27	Ctrl+Shift+H	使用 HIDEPALETTES 和 SHOWPALETTES 切换选项板的显示
28	Ctrl+I	切换坐标显示（仅限于 AutoCAD）
29	Ctrl+Shift+I	切换推断约束（仅限于 AutoCAD）
30	Ctrl+J	重复上一个命令
31	Ctrl+K	插入超链接
32	Ctrl+L	切换正交模式
33	Ctrl+Shift+L	选择以前选定的对象
34	Ctrl+M	重复上一个命令
35	Ctrl+N	创建新图形
36	Ctrl+O	打开现有图形
37	Ctrl+P	打印当前图形
38	Ctrl+Shift+P	切换"快捷特性"界面
39	Ctrl+Q	退出应用程序
40	Ctrl+R	在"模型"选项卡上的平铺视口之间或当前命名的布局上的浮动视口之间循环
41	Ctrl+S	保存当前图形
42	Ctrl+Shift+S	显示"另存为"对话框
43	Ctrl+T	切换数字化仪模式
44	Ctrl+U	切换"极轴追踪"
45	Ctrl+V	粘贴 Windows 剪贴板中的数据
46	Ctrl+Shift+V	将 Windows 剪贴板中的数据作为块进行粘贴
47	Ctrl+W	切换选择循环
48	Ctrl+X	将对象从当前图形剪切到 Windows 剪贴板中
49	Ctrl+Y	取消前面的"放弃"动作
50	Ctrl+Shift+Y	切换三维对象捕捉模式（仅限于 AutoCAD）
51	Ctrl+Z	恢复上一个动作
52	Ctrl+[	取消当前命令

序号	快捷键（组合形式）	功能及作用
53	Ctrl+\	取消当前命令
54	Ctrl+Home	将焦点移动到"开始"选项卡
55	Ctrl+Page Up	移动到上一个布局
56	Ctrl+Page Down	移动到下一个布局选项卡
57	Ctrl+Tab	移动到下一个文件选项卡
58	Shift + F1	子对象选择未过滤（仅限于 AutoCAD）
59	Shift + F2	子对象选择受限于顶点（仅限于 AutoCAD）
60	Shift + F3	子对象选择受限于边（仅限于 AutoCAD）
61	Shift + F4	子对象选择受限于面（仅限于 AutoCAD）
62	Shift + F5	子对象选择受限于对象的实体历史记录（仅限于 AutoCAD）

1.12 建筑结构绘图 AutoCAD 功能命令简写形式使用方法

技巧内容

AutoCAD 软件绘图的各种功能命令是使用英语单词形式，即使是 AutoCAD 中文版也是如此，不能使用中文命令进行输入操作。例如，绘制直线的功能命令是"line"，输入的命令是"line"，不能使用中文"直线"作为命令输入。

另外，AutoCAD 软件绘图的各种功能命令不区分大小写，功能相同，在输入功能命令时可以使用大写字母，也可以使用小写字母。例如，输入绘制多段直线的功能命令时，可以使用"PLINE"，也可以使用"pline"，输入形式如下。

命令：PLINE 或 PL

或：

命令：pline 或 pl

AutoCAD 软件提供多种方式启动各种功能的命令。一般可以通过以下三种方式执行相应的功能命令：

（1）打开下拉菜单选择相应的功能命令选项。

（2）单击相应工具栏上的相应功能命令图标。

（3）在"命令："命令行提示下直接输入相应功能命令的英文字母（注：不能使用中文汉字作为命令输入）。

命令别名（可以认为是其简写形式或缩写形式）是在命令提示下代替整个命令名而输入的缩写。例如，可以输入"c"代替"circle"来启动圆形命令 CIRCLE。别名与键盘快捷键不同，快捷键是多个按键的组合，例如SAVE的快捷键是 Ctrl+S。

具体地说，在使用 AutoCAD 软件绘图的各种功能命令时，部分绘图和编辑等功能命令可以使用其简写或缩写形式代替，二者作用完全相同。例如，绘制直线的功能命令"pline"，其缩写形式为"pl"，在输入时可以使用"PLINE"或"pline"，也可以使用"PL"或"pl"，它们的作用完全相同。

技巧操作

使用简写形式输入命令，可以提高绘图效率。AutoCAD 软件常用的绘图和编辑功能命令别名（缩写形式）主要的如表 1.2 所示，按所列字母执行即可。

表 1.2　AutoCAD 软件常用的绘图和编辑功能命令别名（简写、缩写形式）

序号	功能命令全称	命令缩写形式	命令功能及作用
1	ALIGN	AL	在二维和三维空间中将对象与其他对象对齐
2	ARC	A	创建圆弧
3	AREA	AA	计算对象或所定义区域的面积和周长
4	ARRAY	AR	创建图形中对象的多个副本
5	BHATCH	H 或 BH	使用填充图案或渐变填充来填充封闭区域或选定对象
6	BLOCK	B	从选定的对象中创建一个块定义
7	BREAK	BR	在两点之间打断选定对象
8	CHAMFER	CHA	给对象加倒角
9	CHANGE	CH	更改现有对象的特性
10	CIRCLE	C	创建圆
11	COPY	CO 或 CP	在指定方向上按指定距离复制对象
12	DDEDIT	ED	编辑单行文字、标注文字、属性定义和功能控制边框
13	DDVPOINT	VP	设置三维观察方向
14	DIMBASELINE	DBA	从上一个标注或选定标注的基线处创建线性标注、角度标注或坐标标注
15	DIMALIGNED	DAL	创建对齐线性标注
16	DIMANGULAR	DAN	创建角度标注
17	DIMCENTER	DCE	创建圆和圆弧的圆心标记或中心线
18	DIMCONTINUE	DCO	创建从先前创建的标注的尺寸界线开始的标注
19	DIMDIAMETER	DDI	为圆或圆弧创建直径标注
20	DIMEDIT	DED	编辑标注文字和尺寸界线
21	DIMLINEAR	DLI	创建线性标注
22	DIMRADIUS	DRA	为圆或圆弧创建半径标注
23	DIST	DI	测量两点之间的距离和角度
24	DIVIDE	DIV	创建沿对象的长度或周长等间隔排列的点对象或块
25	DONUT	DO	创建实心圆或较宽的环
26	DSVIEWER	AV	打开"鸟瞰视图"窗口
27	DVIEW	DV	使用相机和目标来定义平行投影或透视视图
28	ELLIPSE	EL	创建椭圆或椭圆弧
29	ERASE	E	从图形中删除对象
30	EXPLODE	X	将复合对象分解为其组件对象
31	EXPORT	EXP	以其他文件格式保存图形中的对象
32	EXTEND	EX	扩展对象以与其他对象的边相接
33	EXTRUDE	EXT	通过延伸对象的尺寸创建三维实体或曲面
34	FILLET	F	给对象加圆角
35	HIDE	HI	重生成不显示隐藏线的三维线框模型
36	IMPORT	IMP	将不同格式的文件输入当前图形中
37	INSERT	I	将块或图形插入当前图形中
38	LAYER	LA	管理图层和图层特性
39	LEADER	LEAD	创建连接注释与特征的线
40	LENGTHEN	LEN	更改对象的长度和圆弧的包含角
41	LINE	L	创建直线段
42	LINETYPE	LT	加载、设置和修改线型

续表

序号	功能命令全称	命令缩写形式	命令功能及作用
43	LIST	LI	为选定对象显示特性数据
44	LTSCALE	LTS	设定全局线型比例因子
45	LWEIGHT	LW	设置当前线宽、线宽显示选项和线宽单位
46	MATCHPROP	MA	将选定对象的特性应用于其他对象
47	MIRROR	MI	创建选定对象的镜像副本
48	MLINE	ML	创建多条平行线
49	MOVE	M	在指定方向上按指定距离移动对象
50	MTEXT	MT 或 T	创建多行文字对象
51	OFFSET	O	创建同心圆、平行线和平行曲线
52	PAN	P	将视图平面移到屏幕上
53	PEDIT	PE	编辑多段线和三维多边形网格
54	PLINE	PL	创建二维多段线
55	POINT	PO	创建点对象
56	POLYGON	POL	创建等边闭合多段线
57	PROPERTIES	CH	控制现有对象的特性
58	PURGE	PU	删除图形中未使用的项目，例如块定义和图层
59	RECTANG	REC	创建矩形多段线
60	REDO	U	恢复上一个用 UNDO 或 U 命令放弃的效果
61	REDRAW	R	刷新当前视口中的显示
62	REVOLVE	REV	通过绕轴扫掠对象创建三维实体或曲面
63	ROTATE	RO	绕基点旋转对象
64	SCALE	SC	放大或缩小选定对象，使缩放后对象的比例保持不变
65	SECTION	SEC	使用平面和实体、曲面或网格的交集创建面域
66	SLICE	SL	通过剖切或分割现有对象，创建新的三维实体和曲面
67	SOLID	SO	创建实体填充的三角形和四边形
68	SPLINE	SPL	创建通过拟合点或接近控制点的平滑曲线
69	SPLINEDIT	SPE	编辑样条曲线或样条曲线拟合多段线
70	STRETCH	S	拉伸与选择窗口或多边形交叉的对象
71	STYLE	ST	创建、修改或指定文字样式
72	SUBTRACT	SU	通过减法操作来合并选定的三维实体或二维面域
73	TORUS	TOR	创建圆环形的三维实体
74	TRIM	TR	修剪对象以与其他对象的边相接
75	UNION	UNI	通过加操作来合并选定的三维实体、曲面或二维面域
76	UNITS	UN	控制坐标和角度的显示格式和精度
77	VIEW	V	保存和恢复命名视图、相机视图、布局视图和预设视图
78	VPOINT	VP	设置图形的三维可视化观察方向
79	WBLOCK	W	将对象或块写入新图形文件
80	WEDGE	WE	创建三维实体楔体

第2章

建筑结构 CAD 图形文件操作技巧快速提高

在建筑结构 CAD 绘图中，图形文件的操作应用同样有许多技巧。建筑结构 CAD 图形文件操作技巧的掌握，将使得所绘制图形文件更加安全保险、简洁顺畅。本章将介绍一些有关建筑结构 CAD 绘图图形文件操作的实用技巧和方法。

2.1 自动保存建筑结构 CAD 图形文件设置技巧 ◄◄◄

技巧内容

AutoCAD 提供了及时自动保存当前操作绘制的图形文件功能，这有助于确保图形数据的安全，减少绘图操作风险。当系统或电脑出现问题时，用户有机会可以恢复部分或全部已完成的图形文件。

默认情况下，系统为自动保存的文件临时指定名称为"filename_a_b_nnnn.sv$"，见图 2.1。其中：

"Filename"为当前图形名，"a"为在同一工作任务中打开同一图形实例的次数，"b"为在不同工作任务中打开同一图形实例的次数，"nnnn"为随机数字。这些临时文件在图形正常关闭时自动删除。出现程序故障或电压故障时，不会删除这些文件。

自动保存的类似信息显示如下。

命令：

自动保存到 C:\Documents and Settings\Administrator\localsettings\temp\Drawing1_1_1_9192.sv$ ...

技巧操作

（1）单击"工具"下拉菜单，选择其中的"选项"命令；也可以在屏幕中任意区域单击右键，弹出的快捷菜单中选择"选项"命令；此外还可以在"命令："行输入"OPTIONS"或"options"命令执行得到相同操作。在弹出的"选项"对话框中，单击"打开和保存"标签，再在"文件安全措施"栏下勾取"自动保存"复选框。同时可以输入自动保存时间间隔大小"保存间隔分钟数"，见图 2.2。

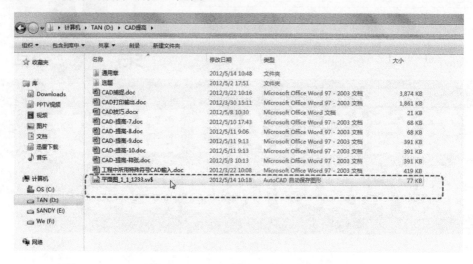

图 2.1 CAD 自动保存图形文件功能

图 2.2 设置自动保存文件功能

（2）注意，"保存间隔分钟数"必须为大于 0 的整数；若"保存间隔分钟数"设置为"0"，则表示关闭"自动保存文件"功能选项，见图 2.3。

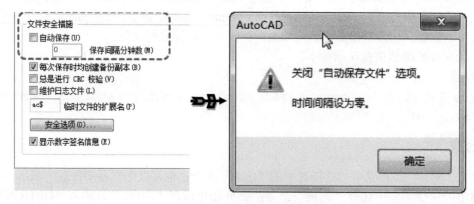

图 2.3 关闭"自动保存文件"

（3）设置自动保存文件功能后，可以在"选项"对话框中"文件"栏内的"临时图形文件位置"进行更改路径，双击路径后在弹出的"浏览文件夹"对话框中选择新位置；文件自动保存的路径位置也可以通过"SAVEFILEPATH"进行修改设置，指定当前任务中所有自动保存文件目录的路径，回车后将采用系统默认路径位置。注意设置的路径位置应是已有的文件夹位置，否则系统将提示"无法设置为该值"。文件夹名可以使用中文，例如"D:\CAD 提高"，见图 2.4。

命令：SAVEFILEPATH

输入 SAVEFILEPATH 的新值，或输入 . 表示无 <"C:\Users\T-H\appdata\local\temp\">: D:\CAD 提高

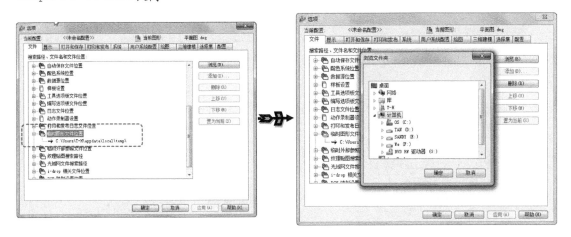

图 2.4　修改临时图形文件路径

（4）选择临时图形文件新的保存位置，见图 2.5。

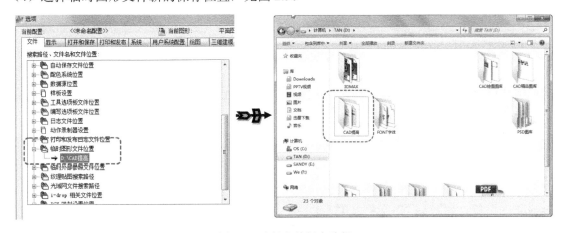

图 2.5　选择文件保存路径

（5）系统默认的临时图形文件扩展名是"sv$"。设置自动保存文件功能后，可以查看文件自动保存结果，见图 2.6。

命令：

自动保存到 D:\cad 提高\平面图 2._1_1_1233.sv$ ...

（6）注意一点，要看到临时图形文件，必须取消勾选 Windows 系统的文件夹选项中的"隐藏已知文件类型的扩展名"、"显示隐藏的文件、文件夹和驱动器"等复选框，否则文件是

隐藏的，见图 2.7。

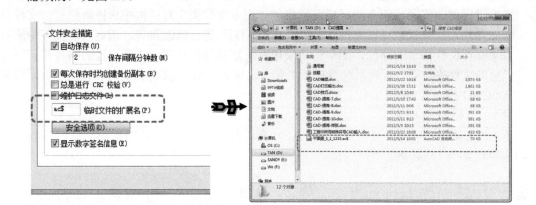

图 2.6　自动保存文件保存结果

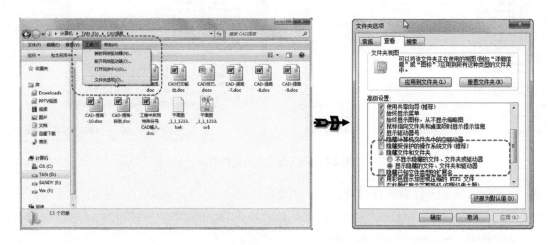

图 2.7　设置 Windows 系统的文件夹选项

（7）要从自动保存的文件恢复为早期版本图形文件，可以通过使用扩展名"**.dwg"代替扩展名 "*.sv$ "来重命名文件，然后打开即可使用，见图 2.8。

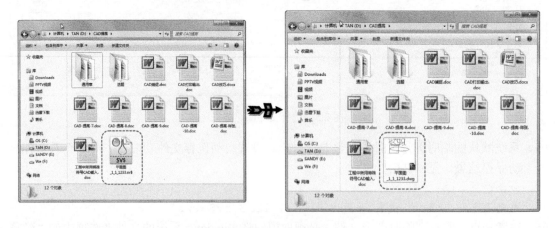

图 2.8　使用临时文件恢复图形文件

2.2 自动创建建筑结构 CAD 图形备份文件设置技巧

◁◁◁

技巧内容

　　备份文件可以指定在保存一个图形文件时同时创建该图形文件的备份文件。也即设置启动此功能后，每次保存图形时，图形的早期版本将保存为具有相同名称并带有扩展名".bak"的文件，该备份文件与图形文件位于同一个文件夹中。CAD 软件系统默认备份文件的名称与原文件相同，文件保存路径位置相同，但扩展名不同，备份文件扩展名为*.bak。此功能可以帮助找回丢失或损坏的 dwg 格式图形文件。

　　注意一点，图形文件自动保存功能与图形文件保存功能有所不同，前者是系统以指定的时间间隔自动保存当前操作图形，后者则是在执行"保存/save"或"另存为/save as"功能命令时，才将原文件保留为备份文件，见图 2.9。

图 2.9　CAD 自动备份保存图形文件功能

技巧操作

（1）单击"工具"下拉菜单，选择其中的"选项"命令；也可以在屏幕任意区域单击右键，在弹出的快捷菜单中选择"选项"命令；此外还可以在"命令："行输入"OPTIONS"或"options"命令执行得到相同操作。在弹出的"选项"对话框中，单击"打开和保存"标签，再在"文件安全措施"栏下勾取"自动保存"复选框。同时可以输入自动保存时间间隔大小"保存间隔分钟数"，见图 2.10。

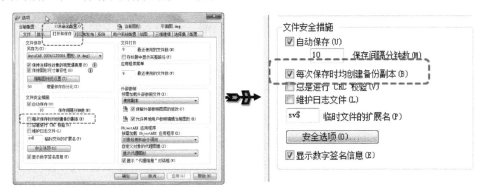

图 2.10　设置启动自动备份保存图形文件功能

（2）要使用打开备份文件，可以通过使用扩展名"*.dwg"代替扩展名"*.bak"来重命名文件，然后打开即可使用，见图 2.11。注意一点，备份文件不属于隐藏文件，随时可以看到，因此不需要取消勾选 Windows 系统的文件夹选项中的"隐藏已知文件类型的扩展名"、"显示隐藏的文件、文件夹和驱动器"等复选框。

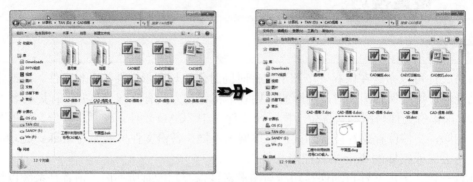

图 2.11　修改 bak 文件为 dwg 图形文件

2.3　建筑结构 CAD 图形文件密码设置技巧　«««

技巧内容

可以向图形添加密码并保存该图形，图形将被加密。除非输入正确的密码，否则将无法重新打开该图形。这对需要保密的图形文件内容较为方便。密码可以任意设置，可以是数字，也可以是字母，或数字与字母组合等，见图 2.12。

技巧操作

（1）保存文件之前，单击"工具"下拉菜单，选择其中的"选项"命令，在弹出的"选项"对话框中，单击"打开和保存"标签。也可以在屏幕任意区域单击右键，在弹出的快捷菜单中选择"选项"命令。单击其中的"安全选项"按钮，见图 2.13。

图 2.12　图形文件设置密码

图 2.13　单击"安全选项"按钮

（2）在"安全选项"对话框的"密码"选项卡中，输入密码。系统会再次要求输入密码确认，单击"确定"按钮，然后保存图形文件，此时图形文件已经加密。如果密码丢失，将无法重新获得密码，也无法打开图形文件。因此，在向图形添加密码之前，应该创建一个不带密码保护的图形文件备份，见图 2.14。

图 2.14　输入密码确认

（3）图形文件设置密码后，也可以删除图形文件密码。打开图形文件后，进入"安全选项"
对话框，将设置的密码删除，然后单击"确定"按钮，保存图形文件即可，见图 2.15。

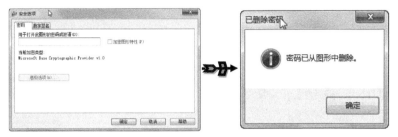

图 2.15　删除图形文件密码

（4）需说明一点，对高版本 CAD，如 AutoCAD 2016～2018，前述"安全选项"的设置密码
方法已全部改为"数字签名"加密方式。数字签名是添加到某些文件的加密信息块，用
于标识创建者并在应用数字签名后指示文件是否被更改。要获取数字证书，请使用
Internet 搜索引擎查找受信任的证书发行机构的网站，并按照说明操作。若要将数字签
名附着到 AutoLISP 文件，必须具有证书颁发机构颁发的数字证书，或者可使用某个实
用程序来创建自签名证书。因太过复杂，一般不使用"数字签名"功能。见图 2.16。

图 2.16　"数字签名"功能

2.4　建筑结构 CAD 图形文件保存默认版本格式设置

技巧内容

设置 CAD 图形文件保存默认版本格式，可以将图形转换到与 AutoCAD 的早期版本相

兼容的格式。如 AutoCAD R14/2004/2007/2010/2016/2018 等图形版本格式，使得每次保存图形文件时都符合要求，方便发送和交流打开使用，以免因 CAD 软件低版本原因打不开高版本格式图形文件造成麻烦或延误，见图2.17。

技巧操作

（1）单击"工具"下拉菜单，选择其中的"选项"命令，在弹出的"选项"对话框中，单击"打开和保存"标签。也可以在屏幕任意区域单击右键，在弹出的快捷菜单中选择"选项"命令。在"文件保存"下选择"另存为"所需要设置的默认图形格式，然后单击"确定"按钮即可，见图2.18。

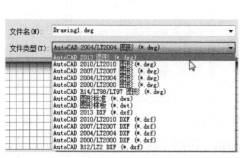

图2.17 目前 AutoCAD 各种版本图形格式   图2.18 "选项"对话框

（2）设置了 CAD 图形文件保存默认版本格式后，每次执行"SAVE"功能命令时，图形文件就以默认的版本格式保存。

此外，从 AutoCAD 2012 版本起，CAD 软件提供了 DWG 格式转换功能命令。具体操作是启动 CAD 软件后，打开"文件"下拉菜单，选择"DWG 转换"选项。或在命令行下输入"DWGCONVERT"命令，二者功能相同。在弹出的"DWG 转换"对话框中，打开一个标准文件选择对话框，从中可以选择要添加到转换列表中的图形文件。然后选择合适的格式，单击"转换"按钮即可，见图2.19。

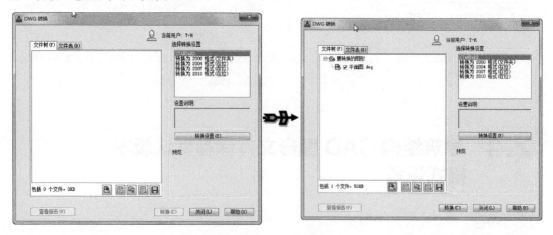

图2.19 不同 DWG 版本转换

2.5 修复或恢复提示出错的建筑结构 CAD 图形文件方法 <<<<

技巧内容

　　在实际绘图中，有时图形文件受到部分损坏，系统提示出错。图形文件损坏后或程序意外终止后，可以通过使用 CAD 提供的图形实用工具，更正错误或通过恢复为备份文件，修复部分或全部数据。

　　如果在图形文件中检测到损坏的数据或者用户在程序发生故障后要求保存图形，那么该图形文件将标记为已损坏。如果只是轻微损坏，有时只需打开图形便可修复它。打开损坏且需要恢复的图形文件时将显示恢复通知，此时先进行图形修复，然后再打开保存图形文件即可，见图 2.20。

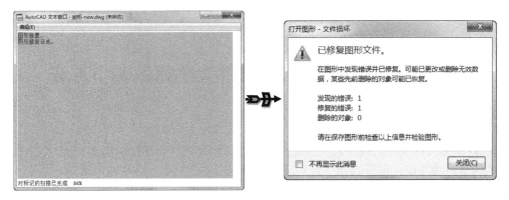

图 2.20　图形文件修复提示

技巧操作

（1）单击"文件"下拉菜单，选择其中的"图形实用工具"→"修复"命令，在弹出的"选择文件"对话框中选择一个文件。然后单击"打开"按钮，见图 2.21。

图 2.21　选择要修复的图形文件

（2）如果修复成功，图形将打开，重新保存图形文件即可，见图 2.22。如果程序无法修复图形文件，将显示一条信息。在这种情况下，应通过图形备份文件（*.bak）或自动保存的临时图形文件进行图形恢复，备份文件和自动保存的临时图形文件使用方法参见前面相关论述。

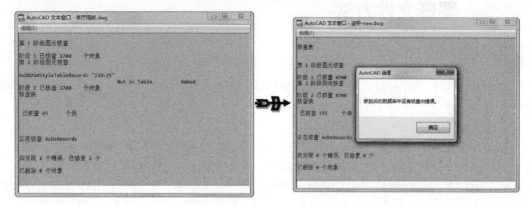

图 2.22　图形文件修复完成

2.6　建筑结构 CAD 图形文件大小有效减小方法 ◀◀◀◀

技巧内容

　　CAD 图形文件大小的减少，一般是通过使用压缩软件进行压缩。其实，通过 CAD 软件本身的图形清理功能，也可以在一定程度上减少图形文件大小。进行图形清理，是对当前的图形内部不再需要使用或多余及重复的图形、图块和文字尺寸等进行清除，使得图形文件内容变得简洁，从而减少图形文件大小，节约存储空间。清理后的图形文件对绘图内容和操作没有实质影响，不会删除有效的图形或图线，见图 2.23。

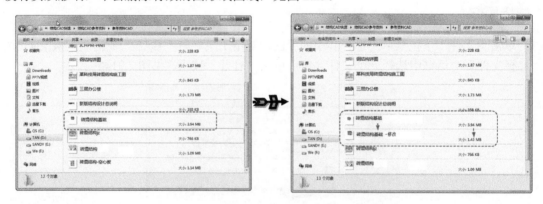

图 2.23　清理图形文件大小

技巧操作

（1）先打开要清理的图形文件，例如"砖混结构基础"。然后单击"文件"下拉菜单，选择其中的"图形实用工具"→"清理"命令，见图 2.24。

图 2.24 选择"清理"选项

（2）在弹出的"清理"对话框中，单击"全部清理"按钮，在系统提问中选择"清理所有项目"选项，见图 2.25。

图 2.25 选择"清理所有项目"

（3）CAD 系统进行扫描清理，完成后单击"关闭"按钮，然后另外保存图形文件即可,即执行"SAVEAS"功能命令保存为新的图形文件，如"砖混结构基础-修改"，见图 2.26。

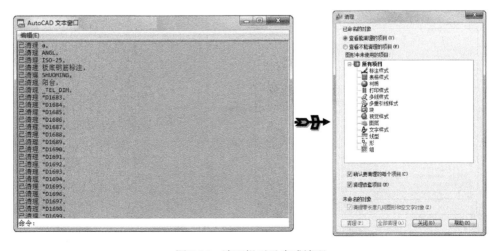

图 2.26 清理提示及完成清理

（4）与原有文件对比，经过清理后的图形文件大小已经大为减少。各个图形文件实际减少多
少与图形文件本身图形文件内容有关，本案例某建筑结构图文件（幸福小区住宅施工
图.dwg）由 4043KB 减少为 1472KB，见图 2.27。

图 2.27　清理前后文件大小对比

2.7　建筑结构 CAD 图形文件菜单最近使用文件显示数量设置技巧 ««««

技巧内容

　　在 CAD 软件使用中，最近使用过的图形文件及打开的图形文件会在"文件"下拉菜单
末端显示，见图 2.28。可以对该显示进行相关的设置，改变不显示或显示文件数量大小。

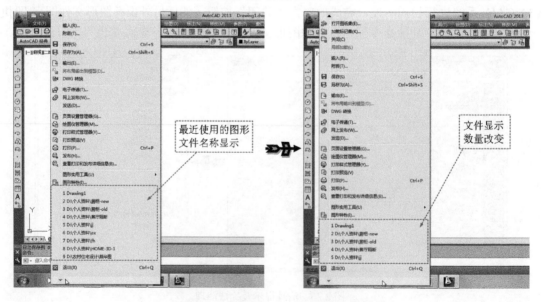

图 2.28　最近使用文件显示数量设置

技巧操作

（1）打开"工具"下拉菜单选中"选项"命令，在"选项"对话框中的"打开和保存"选项卡中，"文件打开"栏下输入最近使用文件数（0～9 数字，最大为 9），单击"应用"和"确定"按钮。修改显示效果在退出并重新启动 CAD 后生效，见图 2.29。

图 2.29　设置最近使用文件显示数量

（2）此外，单击 CAD 软件左上角图标时，显示的控制应用程序菜单中也显示"最近使用的文档"数量，该快捷菜单中所列出的最近使用过的文件数，相关方法也与前一步的修改相同。打开"工具"下拉菜单选中"选项"命令，在"选项"对话框中的"打开和保存"选项卡中，"文件打开"栏下输入最近使用文件数（0～50 数字，最大为 50），单击"应用"和"确定"按钮。修改显示效果在退出并重新启动 CAD 后生效，见图 2.30。

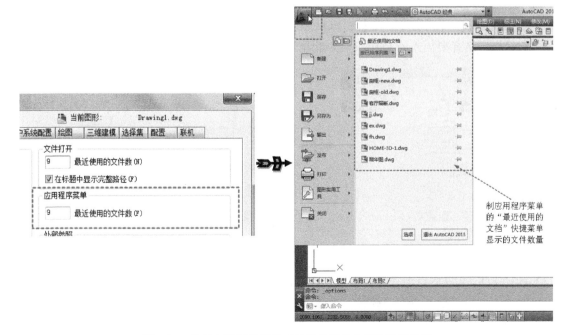

图 2.30　控制应用程序菜单"最近使用的文档"数量设置

2.8 建筑结构 CAD 图形中插入 PDF 文件方法 ‹‹‹‹

技巧内容

在 CAD 图形中经常需要插入 PDF 格式文件使用。

（1）对低版本 AutoCAD 如 2010/2012 版本，插入 PDF 格式文件的方法:可以先将 PDF 文件使用 Adobe Acrobat pro 软件将其转换为 JPG/BMP 图片格式文件，再按前述介绍插入图片的方法进行操作即可。

（2）对高版本 AutoCAD 如 2017/2018 版本，使用 PDFATTACH 命令等方法按以下操作直接插入各种方式创建的 PDF 文件。见图 2.31。

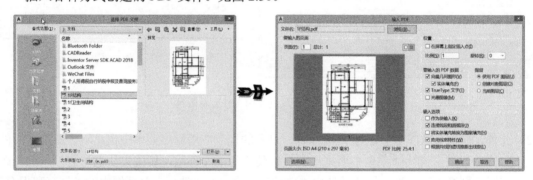

图 2.31　插入 PDF

技巧操作

（1）点击"插入"下拉菜单，选择"PDF 参考底图"命令选项。在弹出的"选择参照文件"对话框中选择要插入的 PDF 文件，此相当于使用 PDFATTACH 命令进行操作。见图 2.32。

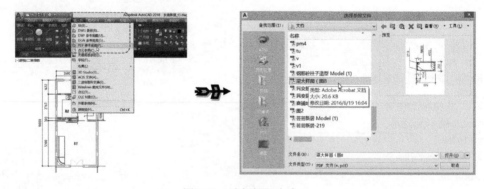

图 2.32　选择插入命令

（2）选择 PDF 文件后点击"打开"按钮，弹出的"附着 PDF 参考底图"对话框中根据需勾取"比例"、"插入点"、"旋转"等选项，然后点击"确定"后切换到绘图屏幕，使用光标指定插入点位置。见图 2.33。

命令：PDFATTACH

指定插入点：
基本图像大小：宽：8.2669，高：11.6944，Undefined
指定缩放比例因子或 [单位(U)] <1>：
指定旋转 <0>：

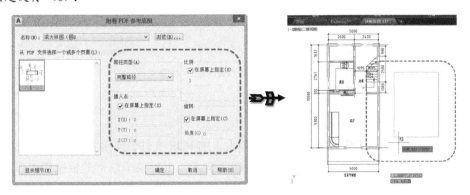

图 2.33　点击确定插入位置

（3）使用光标指定插入点位置后，再移动光标点击屏幕位置，即可确定插入文件的比例大小及旋转角度。见图 2.34。

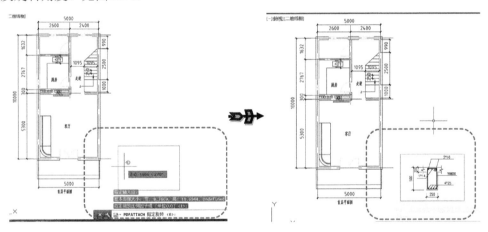

图 2.34　完成插入 PDF 文件

2.9 建筑结构 PDF 文件转换成 DWG 图形方法 ◀◀◀

技巧内容

　　利用 AutoCAD，可以将 PDF 格式的图形文件或文字转换为 dwg 图形文件，转换后的 PDF 文件已是 dwg 图形对象，可以使用 AutoCAD 进行修改、编辑。注意此技巧有一定局限性，即只能对那些是使用 AutoCAD 功能命令创建的 pdf 图形文件有效，而对文字内容的 PDF 需 Microsoft Word 创建的 PDF 文件有效。此外，具有此转换功能的 CAD 版本必须为高版本如 AutoCAD 2017/2018。图 2.35 为文字 PDF 示例。

图 2.35　PDF 转换 DWG 图形对象文件

技巧操作

（1）对由 Microsoft Word 软件创建的文本内容为主的 PDF 文件，使用 PDFIMPORT 功能命令即可输入 CAD，进行编辑修改。首先点击"插入"下拉菜单栏下的根据栏"PDF 输入"命令选项，或在命令行下输入 PDFIMPORT 命令。在弹出的对话框中选择要插入的 PDF 文件。见图 2.36。

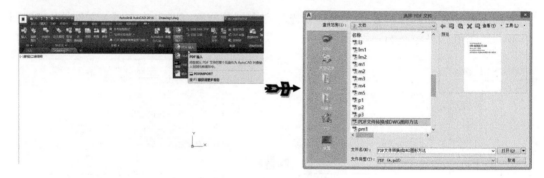

图 2.36　执行 PDFIMPORT 命令

（2）选择要插入的 PDF 文件后点击"打开"按钮，在弹出的"输入 PDF"对话框中设置，根据需要直接点击勾取选项进行设置，如是否在屏幕上手动指定插入点、旋转角度、图层、是否插入为图块等。然后点击"确定"切换到屏幕上点击插入点位置。见图 2.37。

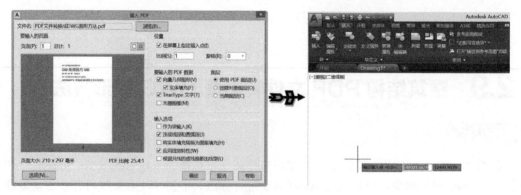

图 2.37　点击插入位置点

（3）在屏幕上点击插入点位置后，平面将显示插入的内容。见图 2.38。

图 2.38 显示插入内容

（4）可以根据需要，使用 CAD 命令对插入的 PDF 文字内容进行编辑、修改等操作。见图 2.39。

图 2.39 编辑修改插入 PDF 文件的文字

（5）插入 PDF 图形文件方法，同样使用 PDFIMPORT 命令，操作方法同前述。插入后的 PDF 图形文件已自动转换成 dwg 图形对象，可以根据需要使用 CAD 的各种功能命令进行编辑、修改。见图 2.40。

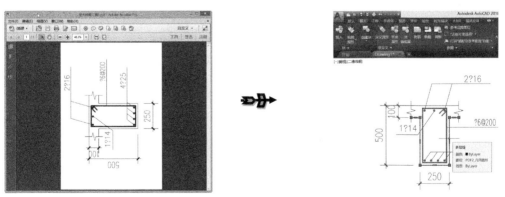

图 2.40 PDF 图形文件转换成 DWG 图形对象

第3章

建筑结构 CAD 基本图形绘制技巧快速提高

本章主要介绍各种建筑结构基本图形和图线的 CAD 绘制技巧及方法，属于建筑结构 CAD 绘图操作中的基本技能，熟练掌握这些技巧技能，会在一定程度上有效提高建筑结构 CAD 绘图水平，拓宽建筑结构 CAD 绘图视野和操作思路。在使用 CAD 进行建筑结构各种图线绘制过程中，一些技巧和方法的熟练使用，可能会使建筑结构 CAD 绘图变得轻松与高效。这些技巧都是在实际工作操作中掌握得到的，十分实用。

3.1 精确绘制建筑结构 CAD 图中指定长度的弧线方法

技巧内容

弧线一般使用 ARC 功能命令绘制，但其长度不便于精确控制。要精确绘制长度为指定数值的弧线（例如 1800mm 长的弧线），单独使用 ARC 命令难以完成。下面介绍通过角度控制来精确绘制指定长度弧线的方法，见图 3.1。

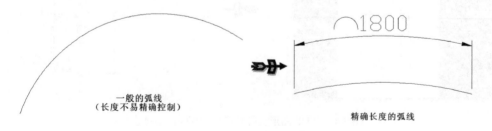

一般的弧线
（长度不易精确控制）

精确长度的弧线

图 3.1　精确绘制指定长度的弧线

技巧操作

（1）先按弧线长度计算弧线对应的角度大小。计算方法是 $S=R×a×π/180$，则半径 R 的大小可以任意设置，一般与 S 大小匹配相近，不同大小的半径、角度对应相同长度的弧线。设 R=3000mm，则 S=1800mm 长度对应的角度 $\alpha=(1800/3000)\times(180/\pi)=34.377°$，见图 3.2。

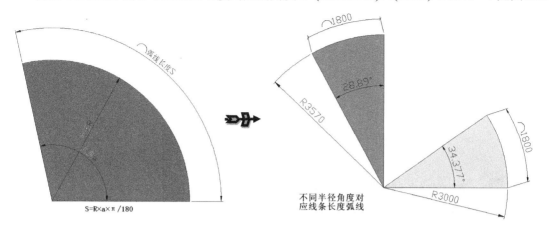

图 3.2　角度计算

（2）按照上述计算，先绘制长度为半径 R 的直线，然后选中绘制的直线，单击一端端点为夹点，见图 3.3。

图 3.3　绘制长度为 R 的直线

（3）旋转复制指定角度直线。然后单击右键弹出快捷菜单，选择"旋转"选项，在命令行中再选择"复制"。再输入旋转角度，按前一步计算角度输入"34.377"即可，见图 3.4。

（4）以直线交点为圆形圆心，半径为 R 绘制圆形，然后剪切圆形，见图 3.5。

（5）所得弧线即为指定长度 S=1800mm 的弧线，其他任意长度的弧线绘制方法与此相同，见图 3.6。

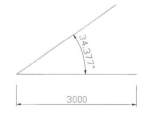

图 3.4　旋转复制指定角度直线

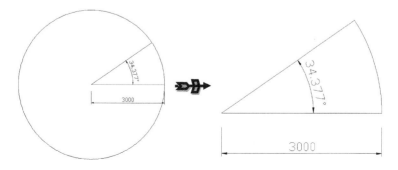

图 3.5　剪切圆形

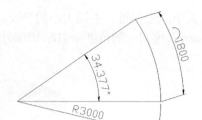

图 3.6   得到指定长度的弧线

3.2 建筑结构 CAD 图中任意平行四边形快速绘制技巧 ‹‹‹‹

技巧内容

本技巧介绍如何快速绘制任意平行四边形，见图 3.7。

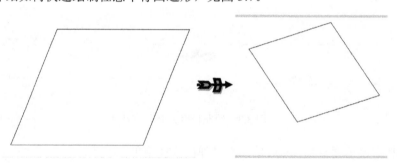

图 3.7   平行四边形

技巧操作

（1）按平行四边形方向绘制两条交叉直线作为平行四边形的两条边，使用 LINE 或 PLINE 绘制即可，见图 3.8。

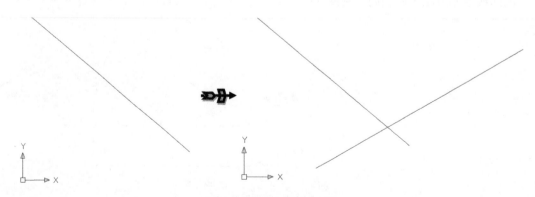

图 3.8   绘制两条交叉直线

（2）通过偏移(OFFSET　功能命令)得到平行四边形的另外两条边，平行四边形的大小使用偏
　　移距离大小可以确定，见图 3.9。

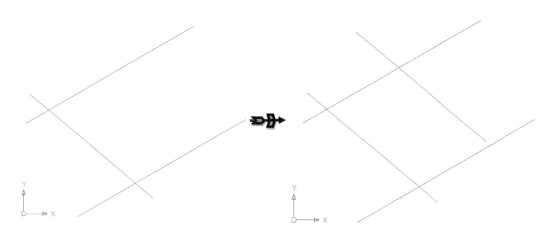

图 3.9　偏移得到平行四边形另外两条边

（3）进行倒角（CHAMFER）或剪切（TRIM）操作得到平行四边形，注意倒角距离设置为"0"，
　　见图 3.10。

命令：chamfer
（"修剪"模式）当前倒角距离 1 =1 0.0000, 距离 2 =5 0.0000
选择第一条直线或 ［放弃(U)/多段线(P)/距离(D)/角度(A)/修剪(T)/方式(E)/多个
(M)］: D
　指定 第一个 倒角距离 <10.0000>: 0
　指定 第二个 倒角距离 <50.0000>: 0
　选择第一条直线或 ［放弃(U)/多段线(P)/距离(D)/角度(A)/修剪(T)/方式(E)/多个
(M)］:
　选择第二条直线，或按住 Shift 键选择直线以应用角点或 ［距离(D)/角度(A)/方法
(M)］:
　选择第二条直线，或按住 Shift 键选择直线以应用角点或 ［距离(D)/角度(A)/方法
(M)］:

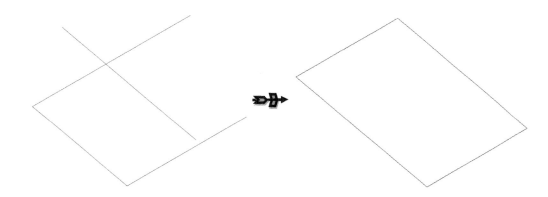

图 3.10　剪切得到平行四边形

3.3 建筑结构 CAD 图中通过指定点绘制直线的垂直线技巧

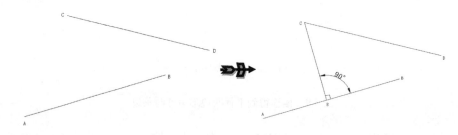

技巧内容

通过其中一条直线 CD 的端点 C 绘制直线 AB 的垂直线 CE，其他垂直线绘制方法与此相同，见图 3.11。

图 3.11 通过点 C 绘制垂直线 CE

技巧操作

（1）打开"工具"下拉菜单选择"绘图设置"选项，在弹出的对话框中勾取"端点"、"垂足"复选框，然后执行绘制直线命令，利用端点捕捉功能定位起直线点 C，见图 3.12。

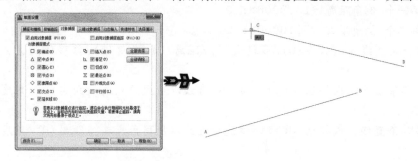

图 3.12 利用端点捕捉功能定位起直线点 C

（2）利用"垂足"捕捉功能，从 C 点向直线 AB 方向拖动鼠标，在垂直于直线 CE 的直线 AB 上来回移动，当出现"垂足"时，单击确定该点位置 E 即可得到中垂直线 CE，见图 3.13。

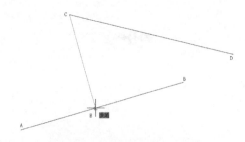

图 3.13 确定垂直线 CE 位置

3.4 建筑结构 CAD 图中任意平行线快速绘制技巧

技巧内容

快速创建水平的、竖直的或倾斜的各种位置直线或折线线条、曲线或弧形线条的平行线，见图 3.14。

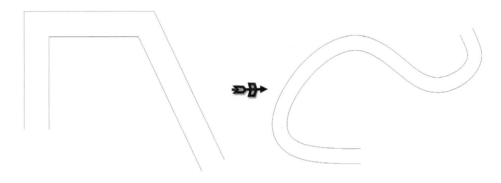

图 3.14 创建直线和曲线平行线

技巧操作

（1）先绘制好直线或曲线线条，见图 3.15。

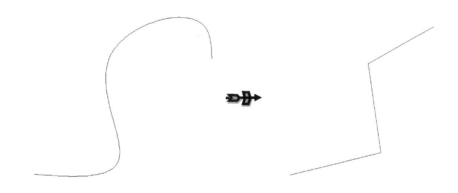

图 3.15 先绘制好直线或曲线线条

（2）执行偏移功能命令得到其平行线，见图 3.16。

命令：OFFSET
当前设置：删除源=否 图层=源 OFFSETGAPTYPE=0
指定偏移距离或 [通过(T)/删除(E)/图层(L)] <通过>： 50
选择要偏移的对象，或 [退出(E)/放弃(U)] <退出>：
指定要偏移的那一侧上的点，或 [退出(E)/多个(M)/放弃(U)] <退出>：
选择要偏移的对象，或 [退出(E)/放弃(U)] <退出>：

......
指定要偏移的那一侧上的点，或 [退出(E)/多个(M)/放弃(U)] <退出>：
选择要偏移的对象，或 [退出(E)/放弃(U)] <退出>：

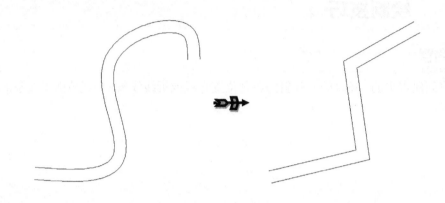

图 3.16　偏移得到平行线

（3）注意，偏移距离不能过大或过小，特别是曲线，否则偏移后部分图形可能发生变化，见图 3.17。

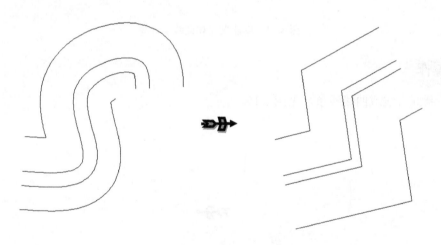

图 3.17　偏移图形发生变化

3.5　建筑结构 CAD 图中任意宽度线条快速绘制技巧　««««

技巧内容

通常情况下，CAD 一般默认使用的线条是没有宽度的细线，也可以说是"0"宽度线条。而任意宽度的线条，是指线条具有一定的宽度，且各段线条宽度不相同，不再是"0"宽度，见图 3.18。

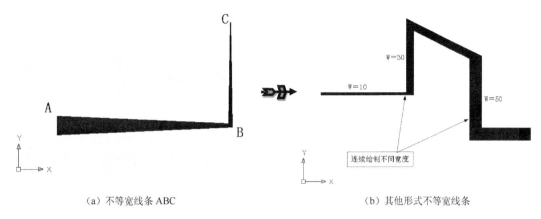

（a）不等宽线条 ABC　　　　　　　　　　　（b）其他形式不等宽线条

图 3.18　任意宽度线条

技巧操作

（1）使用 PLINE 功能命令，指定起点位置后设置相应的宽度（包括起点宽度、端点宽度），
起点宽度、端点宽度的大小可以相同，也可以不同，但数字都要≥0，不能为负值，见
图 3.19。

命令：PLINE

指定起点：

当前线宽为 0.0000

指定下一个点或 ［圆弧(A)/半宽(H)/长度(L)/放弃(U)/宽度(W)］： ＜正交 开＞ W

指定起点宽度 <0.0000>: 6（A 点宽度）

指定端点宽度 <6.0000>: 35（B 点宽度）

指定下一个点或 ［圆弧(A)/半宽(H)/长度(L)/放弃(U)/宽度(W)］：

指定下一点或 ［圆弧(A)/闭合(C)/半宽(H)/长度(L)/放弃(U)/宽度(W)］:（对应 BC 段）

指定下一点或 ［圆弧(A)/闭合(C)/半宽(H)/长度(L)/放弃(U)/宽度(W)］: W

指定起点宽度 <35.0000>: 69（C 点宽度）

指定端点宽度 <69.0000>: 32（D 点宽度）

指定下一点或 ［圆弧(A)/闭合(C)/半宽(H)/长度(L)/放弃(U)/宽度(W)］:（对应 DE 段）

指定下一点或 ［圆弧(A)/闭合(C)/半宽(H)/长度(L)/放弃(U)/宽度(W)］:

……

指定下一点或 ［圆弧(A)/闭合(C)/半宽(H)/长度(L)/放弃(U)/宽度(W)］:

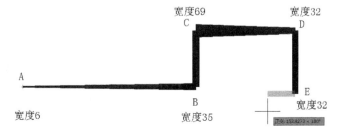

图 3.19　绘制不同宽度的直线

（2）使用 PLINE 功能还可以绘制不同宽度线的弧线，在设置宽度后输入 A 绘制弧线即可绘制，还可结合 F8 键（正交模式切换）以绘制任意角度的弧线，见图3.20。

命令：PLINE
指定起点：
当前线宽为 32.0000
指定下一个点或 [圆弧(A)/半宽(H)/长度(L)/放弃(U)/宽度(W)]：W
指定起点宽度 <32.0000>：60（A 点宽度）
指定端点宽度 <60.0000>：60（B 点宽度）
指定下一个点或 [圆弧(A)/半宽(H)/长度(L)/放弃(U)/宽度(W)]：（对应 AB 段）
指定下一点或 [圆弧(A)/闭合(C)/半宽(H)/长度(L)/放弃(U)/宽度(W)]：A（输入 A 绘制弧线）
指定圆弧的端点或
[角度(A)/圆心(CE)/闭合(CL)/方向(D)/半宽(H)/直线(L)/半径(R)/第二个点(S)/放弃(U)/宽度(W)]：（对应 BC 段）
指定圆弧的端点或
[角度(A)/圆心(CE)/闭合(CL)/方向(D)/半宽(H)/直线(L)/半径(R)/第二个点(S)/放弃(U)/宽度(W)]：<正交 关>（对应 CD 段）
指定圆弧的端点或
[角度(A)/圆心(CE)/闭合(CL)/方向(D)/半宽(H)/直线(L)/半径(R)/第二个点(S)/放弃(U)/宽度(W)]：W
指定起点宽度 <60.0000>：60（D 点宽度）
指定端点宽度 <60.0000>：15（E 点宽度）
指定圆弧的端点或
[角度(A)/圆心(CE)/闭合(CL)/方向(D)/半宽(H)/直线(L)/半径(R)/第二个点(S)/放弃(U)/宽度(W)]：（对应 DE 段）
指定圆弧的端点或
[角度(A)/圆心(CE)/闭合(CL)/方向(D)/半宽(H)/直线(L)/半径(R)/第二个点(S)/放弃(U)/宽度(W)]：（对应 EF 段）
指定圆弧的端点或
[角度(A)/圆心(CE)/闭合(CL)/方向(D)/半宽(H)/直线(L)/半径(R)/第二个点(S)/放弃(U)/宽度(W)]：

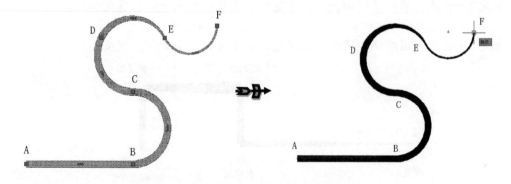

图 3.20　绘制不同宽度的直线与弧线

3.6 按图层设置建筑结构 CAD 图线线宽方法

技巧内容

　　线宽是指定给图形对象以及某些类型的文字的宽度值。使用线宽，可以用粗线和细线清楚地表现出各种不同线条，以及细节上的不同，也可通过为不同的图层指定不同的线宽，轻松得到不同的图形线条效果，如果设置了某图层的线宽为某个数值，则所有在该图层的图线宽度一般都以该线宽打印输出，见图 3.21。

　　而在绘图屏幕上，一般情况下，需要单击状态栏上的"显示/隐藏线宽"按钮进行开启显示线宽，否则一般在屏幕上将不显示线宽，显示的都是默认数值细线宽度。设置方法在后面的操作方法中介绍。

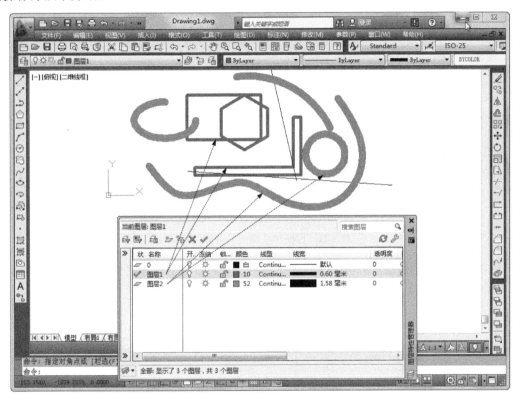

图 3.21　按图层设置图线线宽

技巧操作

（1）在绘图前，先设置图层的宽度。单击"工具"下拉菜单选择"选项板"命令，然后选择"图层"面板，弹出图层特性管理器，单击与该图层关联的"线宽"；在"线宽"对话框的列表中选择线宽；最后单击"确定"按钮关闭各个对话框即可指定该图层线宽大小，见图 3.22。

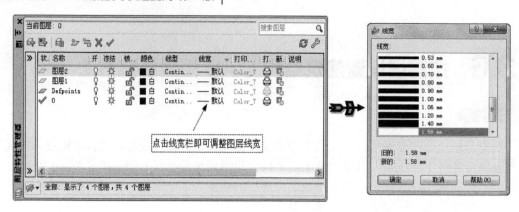

图 3.22　调整图层线宽

（2）注意，如果按图层设置了一定的线宽，进行尺寸标注时，所标注的尺寸线也是该图层的宽度。因此要使用细线进行标注，需另外新建图层，设置为默认线宽即可，见图 3.23。

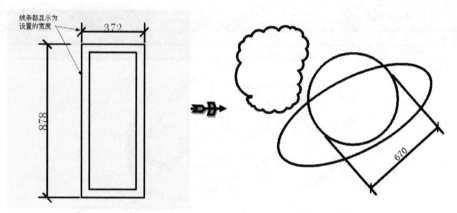

图 3.23　标注尺寸线也具有相同线宽

（3）需在屏幕上显示线宽，则需要进行线宽显示设置。方法是打开"格式"下拉菜单，选择"线宽"选项。在弹出的"线宽设置"对话框中勾取"显示线宽"选项，单击"确定"按钮即可。勾取"显示线宽"选项后，屏幕上将显示线条宽度，包括各种相关线条，见图 3.24。

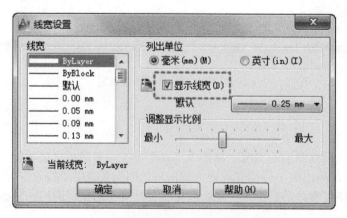

图 3.24　进行线宽显示设置

3.7 建筑结构 CAD 图中任意角度内切圆精确绘制技巧

技巧内容

在任意的一个角度内，精确绘制该角度两边线的内切圆。该角度两边线的内切圆可以有大小不同的多个，见图 3.25。

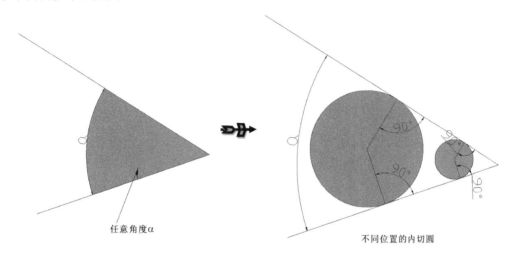

图 3.25 任意角度内切圆精确绘制

技巧操作

（1）以角度的角点为圆心绘制任意大小的圆形（CIRCLE），见图 3.26。

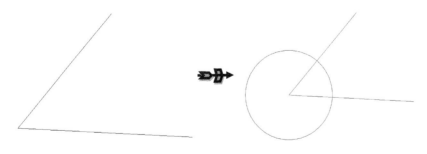

图 3.26 以角度的角点绘制任意大小的圆形

（2）以角度的边线为界对圆形进行剪切（TRIM），见图 3.27。
（3）连接角度的角点及弧线的中点，得到该角度的等分线（LINE）。并通过绘制辅助线延伸（EXTEND）该连接线一定长度。此时也可以使用等分功能命令 DIVIDE 进行等分。然后连接角点与等分点即可，见图 3.28。
（4）根据内切圆的大小需要，在连接线上的任意一点 A 向角度的边线绘制垂直线（LINE），注意使用垂点捕捉，见图 3.29。

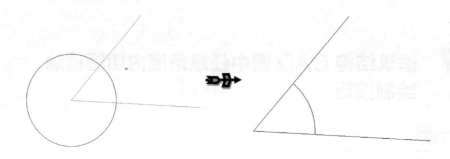

图 3.27 对圆形进行剪切

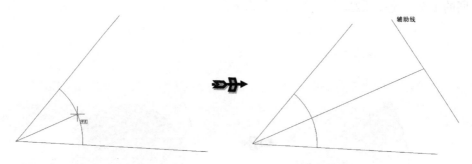

图 3.28 连接角度的角点及弧线的中点

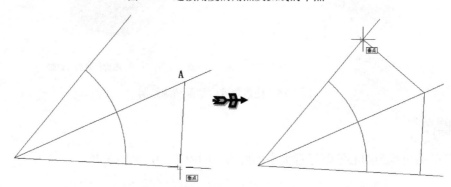

图 3.29 向角度的边线绘制垂直线

（5）以 A 点为圆心，以垂直线为半径大小绘制圆形，此圆形即为角度 2 边线的内切圆，然后删除多余的线条即可，见图 3.30。

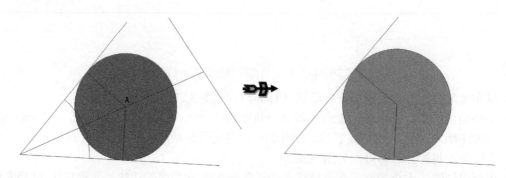

图 3.30 绘制角度 2 边线的内切圆

3.8 建筑结构 CAD 图中任意三角形外接圆精确 绘制技巧

◁◁◁

技巧内容

精确绘制一个任意三角形的外接圆形，圆形通过三角形的三个角点端点位置，见图 3.31。

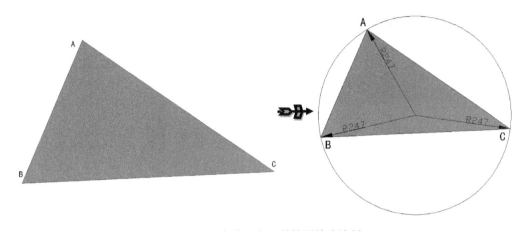

图 3.31 任意三角形外接圆精确绘制

技巧操作

（1）依次从三角形边线外任意一点向三角形边线绘制垂直线（注意使用垂点捕捉），见图 3.32。

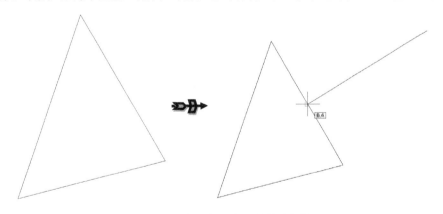

图 3.32 向三角形边线绘制垂直线

（2）绘制三角形另外两个边线的垂直线，注意使用"垂点"捕捉功能定位，见图 3.33。

（3）依次将边线的垂直线移动至边线的中点位置，注意使用"中点"捕捉功能定位，得到三角形三条边线垂直中线交点，见图 3.34。

（4）以三角形三条边线垂直中线交点为圆心，以交点至三角形角点连线为半径绘制圆形，即可得到三角形的外接圆形，见图 3.35。

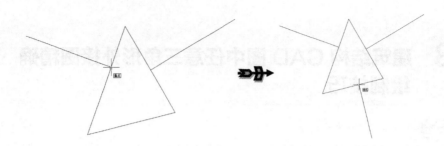

图 3.33 绘制三角形另外两个边线的垂直线

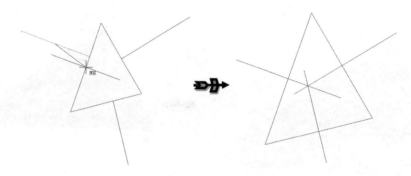

图 3.34 将垂直线移动至边线的中点位置

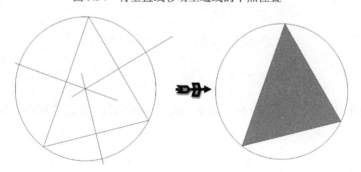

图 3.35 得到三角形的外接圆形

（5）可以标注圆心至三角形三个角点端点的距离检验，完成任意三角形的外接圆形绘制，见图 3.36。

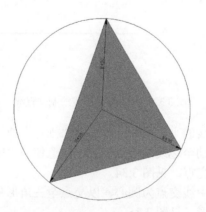

图 3.36 完成任意三角形的外接圆形绘制

3.9 建筑结构 CAD 图中任意两个圆形的公切线 绘制技巧

<<<

技巧内容

使用 CAD 绘图时，可能常常遇到需要绘制两个圆形的公切线，定位其切点位置不容易。利用 Ctrl 功能键及捕捉功能（切点捕捉方式）可以快速定位绘制两个圆形的公切线，见图 3.37。

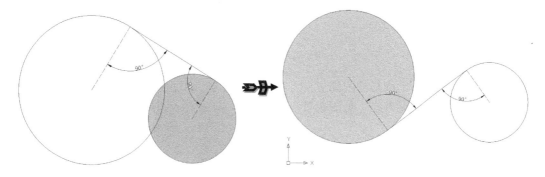

图 3.37　两个圆形的公切线绘制

技巧操作

（1）先绘制两个圆形（CIRCLE），见图 3.38。

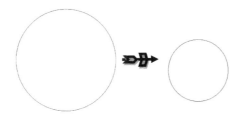

图 3.38　绘制两个圆形

（2）执行直线功能命令（LINE），然后按住 Ctrl 键并单击鼠标右键，在弹出快捷菜单中选择"切点"捕捉方式，见图 3.39。

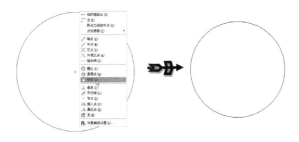

图 3.39　选择"切点"捕捉方式

（3）在其中一个圆形的圆周上单击确定直线（LINE）起点位置，该点位置为该圆周切点位置，见图 3.40。

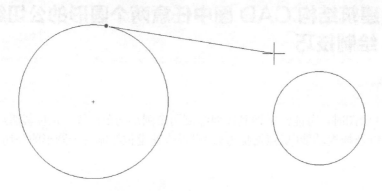

图 3.40　第一个圆周切点位置

（4）移动光标到另外一个圆形的圆周上，再次按住 Ctrl 键并单击鼠标右键，在弹出快捷菜单中选择"切点"捕捉方式，见图 3.41。

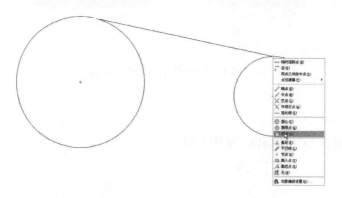

图 3.41　第二个圆周选择"切点"捕捉方式

（5）在该圆形的圆周上单击确定直线起点位置，然后回车即可，该点位置为该圆周切点位置。该直线即是两个圆形的公切线，见图 3.42。

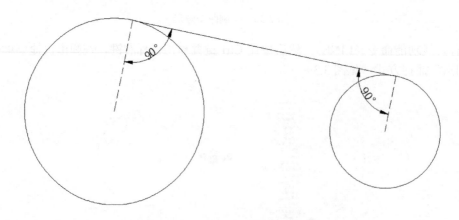

图 3.42　得到两个圆形的公切线

（6）两个圆形另外位置的公切线同理绘制，见图 3.43。

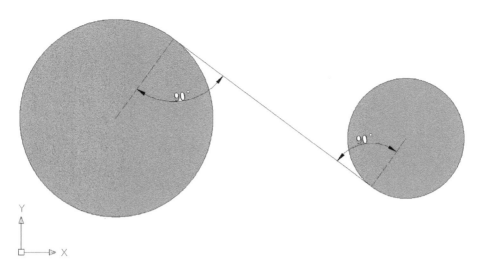

图 3.43　两个圆形另外位置的公切线

3.10　建筑结构 CAD 图中任意三角形内切圆精确绘制技巧

◀◀◀

技巧内容

　　在一个任意的三角形内，精确绘制三角形三条边线的内切圆，圆形与三角形的三条边线均相切，见图 3.44。

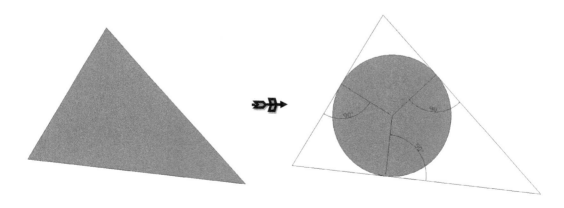

图 3.44　任意三角形内切圆精确绘制

技巧操作

（1）以三角形任意一个角点为圆心绘制任意大小的圆形，见图 3.45。

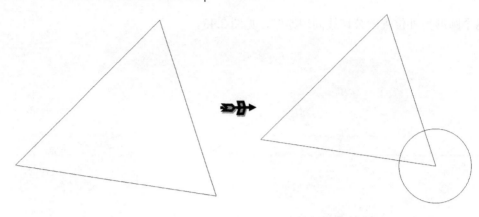

图 3.45　以任意一个角点为圆心绘制圆形

（2）以角度的边线为界对圆形进行剪切，然后连接角度的角点及弧线的中点(使用中点捕捉方式)，得到该角度的等分线，见图 3.46。

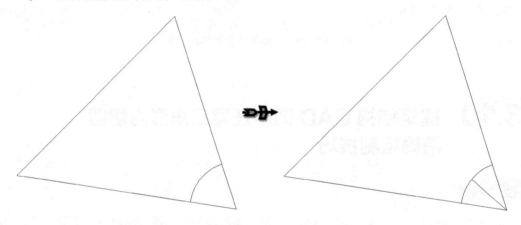

图 3.46　连接角度的角点及弧线的中点

（3）将连接线延伸（EXTEND）至对角边。按上述方法绘制三角形另外两个角度的等分线。三角形的角度等分线交于一点，见图 3.47。

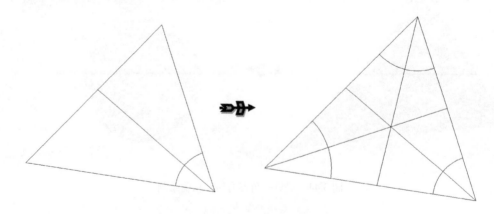

图 3.47　三角形的角度等分线交于一点

（4）从三角形角度等分线交点向三角形三条边线绘制垂直线（注意使用垂点捕捉）。三角形三个角度等分线交于点 A，见图 3.48。

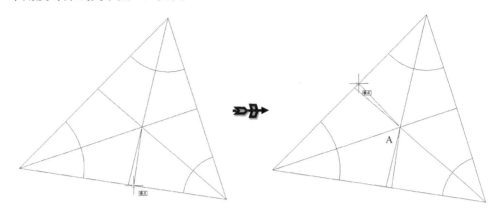

图 3.48　从交点向三角形三条边线绘制垂直线

（5）以三角形角度等分线交点 A 为圆心，以等分线交点至边线的垂直线大小为半径绘制圆形。该圆形即三角形的内切圆。最后删除多余线条即可，见图 3.49。

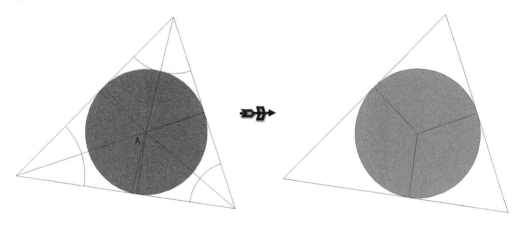

图 3.49　得到圆形即三角形的内切圆

3.11　建筑结构图中箭头造型快速绘制技巧　◀◀◀

技巧内容

箭头造型在绘图中经常使用。利用 PLINE 功能命令可以快速绘制一体化的箭头造型，即箭头与直线是一个整体的，见图 3.50。

图 3.50　箭头造型快速绘制

技巧操作

（1）使用 PLINE 功能命令，指定起点位置后设置相应的宽度（包括起点宽度、端点宽度），起点宽度、端点宽度大小不应相同，数字都要大于或等于 0，不能为负值，见图 3.51。

命令：PLINE

指定起点：

当前线宽为 30.0000

指定下一个点或 ［圆弧(A)/半宽(H)/长度(L)/放弃(U)/宽度(W)］：W

指定起点宽度 <0.0000>：0 (A 点宽度)

指定端点宽度 <0.0000>：0 (B 点宽度)

指定下一个点或 ［圆弧(A)/半宽(H)/长度(L)/放弃(U)/宽度(W)］：（对应 AB 段）

指定下一点或 ［圆弧(A)/闭合(C)/半宽(H)/长度(L)/放弃(U)/宽度(W)］：W

指定起点宽度 <0.0000>：60（箭头 C 点宽度）

指定端点宽度 <60.0000>：0（箭头 D 点宽度）

指定下一点或 ［圆弧(A)/闭合(C)/半宽(H)/长度(L)/放弃(U)/宽度(W)］：(对应 CD 段)

指定下一点或 ［圆弧(A)/闭合(C)/半宽(H)/长度(L)/放弃(U)/宽度(W)］：

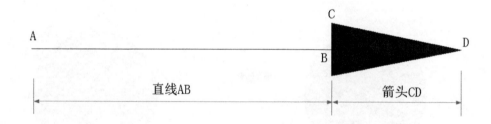

图 3.51　直线箭头绘制

（2）若设置相应的宽度（包括起点宽度、端点宽度）都大于 0，则得到梯形箭头造型，见图 3.52。

命令：PLINE

指定起点：

当前线宽为 0.0000

指定下一个点或 ［圆弧(A)/半宽(H)/长度(L)/放弃(U)/宽度(W)］：w

指定起点宽度 <0.0000>：15 (A 点宽度)

指定端点宽度 <15.0000>：15 (B 点宽度)

指定下一个点或 ［圆弧(A)/半宽(H)/长度(L)/放弃(U)/宽度(W)］：（对应 AB 段）

指定下一点或 ［圆弧(A)/闭合(C)/半宽(H)/长度(L)/放弃(U)/宽度(W)］：w

指定起点宽度 <15.0000>：150（箭头 C 点宽度）

指定端点宽度 <150.0000>：50（箭头 D 点宽度）

指定下一点或 ［圆弧(A)/闭合(C)/半宽(H)/长度(L)/放弃(U)/宽度(W)］：（对应 DE 段）

指定下一点或 ［圆弧(A)/闭合(C)/半宽(H)/长度(L)/放弃(U)/宽度(W)］：

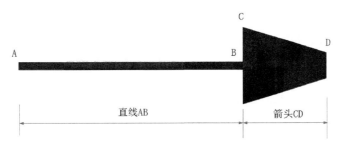

图 3.52 梯形箭头造型绘制

3.12 建筑结构图中弧线箭头造型快速绘制技巧 ◁◁◁

技巧内容

弧线箭头造型在绘图中虽然不是经常使用，但有时也会使用到。利用 PLINE 功能命令可以快速绘制一体化的弧线箭头造型，即弧线箭头与直线和弧线是一个整体，见图 3.53。

图 3.53 弧线箭头造型快速绘制

技巧操作

(1) 使用 PLINE 功能命令，先绘制直线，然后绘制弧线箭头（输入 A 绘制再输入 W 设置箭头的起点宽度、端点宽度大小，即可绘制箭头），见图 3.54。

命令：PLINE
指定起点：
当前线宽为 0.0000
指定下一个点或 [圆弧(A)/半宽(H)/长度(L)/放弃(U)/宽度(W)]：w
指定起点宽度 <0.0000>：0（A 点宽度）
指定端点宽度 <0.0000>：0（B 点宽度）
指定下一个点或 [圆弧(A)/半宽(H)/长度(L)/放弃(U)/宽度(W)]：（对应 AB 段）
指定下一点或 [圆弧(A)/闭合(C)/半宽(H)/长度(L)/放弃(U)/宽度(W)]：a
指定圆弧的端点或
[角度(A)/圆心(CE)/闭合(CL)/方向(D)/半宽(H)/直线(L)/半径(R)/第二个点(S)/

放弃(U)/宽度(W)]: w

  指定起点宽度 <0.0000>: 60 (C 点宽度)

  指定端点宽度 <60.0000>: 0 (D 点宽度)

  指定圆弧的端点或

  [角度(A)/圆心(CE)/闭合(CL)/方向(D)/半宽(H)/直线(L)/半径(R)/第二个点(S)/放弃(U)/宽度(W)]: <正交 关> (对应 CD 段)

  指定圆弧的端点或

  [角度(A)/圆心(CE)/闭合(CL)/方向(D)/半宽(H)/直线(L)/半径(R)/第二个点(S)/放弃(U)/宽度(W)]:

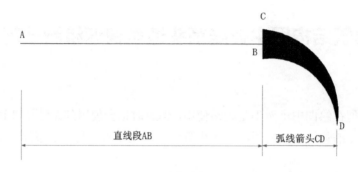

图 3.54　直线与弧线箭头造型绘制

(2) 也可以先输入 A 绘制弧线，再绘制箭头。在其中输入 L 切换绘制直线型的箭头，若不输入 L 切换，则箭头是弧线形的，见图 3.55。

  命令: PLINE

  指定起点:

  当前线宽为 0.0000

  指定下一个点或 [圆弧(A)/半宽(H)/长度(L)/放弃(U)/宽度(W)]: w

  指定起点宽度 <0.0000>: 0 (A 点宽度)

  指定端点宽度 <0.0000>: 0 (B 点宽度)

  指定下一个点或 [圆弧(A)/半宽(H)/长度(L)/放弃(U)/宽度(W)]: A (输入 A 先绘制弧线)

  指定圆弧的端点或

  [角度(A)/圆心(CE)/方向(D)/半宽(H)/直线(L)/半径(R)/第二个点(S)/放弃(U)/宽度(W)]: (对应弧线 AB 段)

  指定圆弧的端点或

  [角度(A)/圆心(CE)/闭合(CL)/方向(D)/半宽(H)/直线(L)/半径(R)/第二个点(S)/放弃(U)/宽度(W)]: w

  指定起点宽度 <0.0000>: 60 (C 点宽度)

  指定端点宽度 <60.0000>: 0 (D 点宽度)

  指定圆弧的端点或

  [角度(A)/圆心(CE)/闭合(CL)/方向(D)/半宽(H)/直线(L)/半径(R)/第二个点(S)/放弃(U)/宽度(W)]: L (输入 L 绘制直线箭头)

  指定下一点或 [圆弧(A)/闭合(C)/半宽(H)/长度(L)/放弃(U)/宽度(W)]: (对应 CD

段直线箭头）

　　指定下一点或 ［圆弧(A)/闭合(C)/半宽(H)/长度(L)/放弃(U)/宽度(W)］：

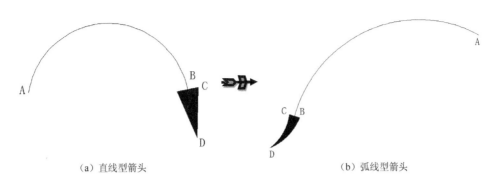

　　　　　（a）直线型箭头　　　　　　　　　　　　（b）弧线型箭头

图 3.55　弧线箭头造型绘制

3.13 建筑结构 CAD 图中钢筋混凝土图形符号绘制技巧　◀◀◀◀

技巧内容

　　在 CAD 绘图中，常常遇到需要使用钢筋混凝土图案造型。一般情况下 CAD 填充图案中只有混凝土图案、斜线图案，没有可以直接使用的钢筋混凝土图案。此时，可以通过二次填充的方法快速得到钢筋混凝土图案造型，见图 3.56。

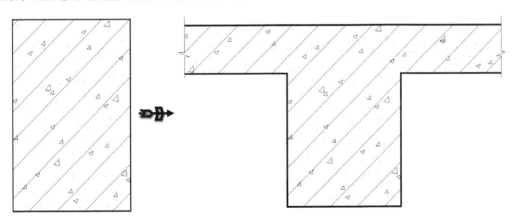

图 3.56　钢筋混凝土填充图案造型绘制

技巧操作

（1）先绘制好轮廓图形，然后选择混凝土图案 AR-CONC 进行填充（HATCH），见图 3.57。

（2）混凝土填充造型图案填充时应注意填充比例大小，不同填充比例得到的混凝土造型不
　　　同，见图 3.58。

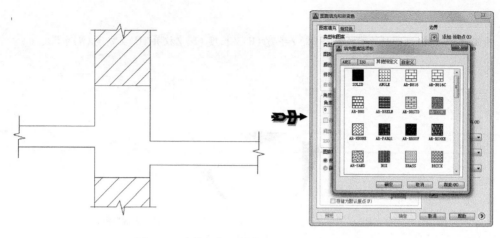

图 3.57 选择混凝土图案 AR-CONC 进行填充

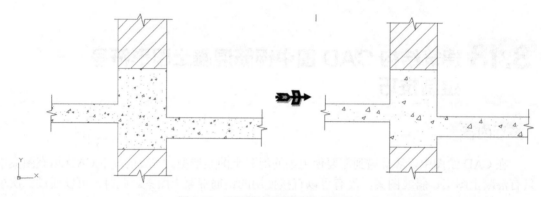

图 3.58 不同填充比例混凝土造型

（3）在同一范围再选择斜线图案 ANSI31 进行图案填充，填充的两个图案共同构成钢筋混凝土图案造型，同样需要注意设置合适的填充比例，否则效果可能不理想，见图 3.59。

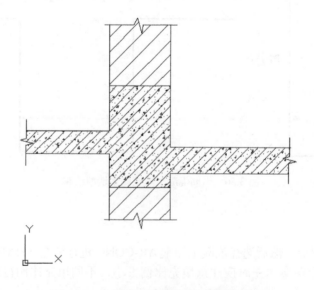

图 3.59 二次填充得到钢筋混凝土造型图案

3.14 云线在建筑结构 CAD 绘图中的使用技巧

技巧内容

　　在 CAD 绘图中可以利用云线，标注最近修改的内容和位置，以方便查阅图纸修改内容，见图 3.60。

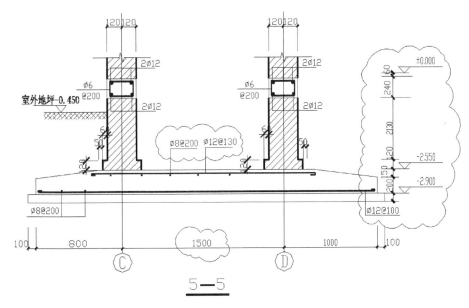

图 3.60　利用云线注明最近修改内容和位置

技巧操作

　　（1）修改完成图形后，使用云线 REVCLOUD 功能标注修改的内容范围，见图 3.61。

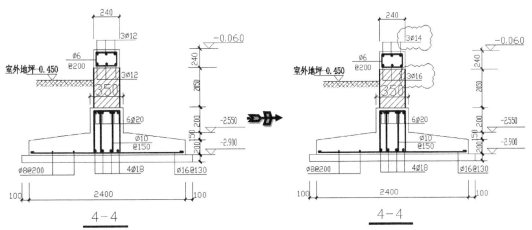

图 3.61　标注修改图纸范围

（2）注意先设置合适云线的弧线长度（弧长）。若云线的弧线长度太大或太小，绘制的云线效果或许不够美观明显，见图 3.62。

命令: revcloud

最小弧长: 0.5　最大弧长: 0.5　样式: 普通

指定起点或 [弧长(A)/对象(O)/样式(S)] <对象>: A（设置弧长）

指定最小弧长 <0.5>: 150

指定最大弧长 <150>: 200

指定起点或 [弧长(A)/对象(O)/样式(S)] <对象>:

沿云线路径引导十字光标...

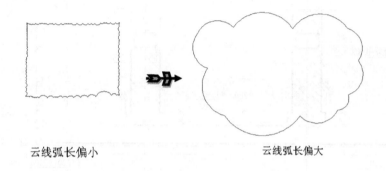

云线弧长偏小　　　　　　　　　　　云线弧长偏大

（a）云线弧长轮廓大小

（b）各种形状云线

图 3.62　云线弧长大小设置

3.15　等边三角形快速绘制技巧　«««

技巧内容

在 CAD 绘图中可以利用命令 polygon 快速绘制等边三角形。见图 3.63。

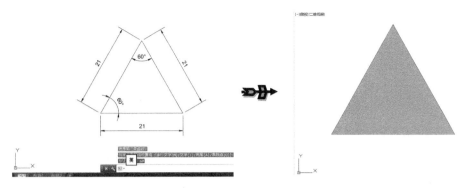

图 3.63　等边三角形绘制

技巧操作

（1）打开"绘图"下拉菜单选择"多边形"命令选项或在命令行提示下直接输入 POLYGON
命令。然后依次输入边数 3、指定边位置的 E，切换到屏幕上，见图 3.64。

命令：polygon 输入侧面数 <3>：3
指定正多边形的中心点或 [边(E)]：E
指定边的第一个端点：指定边的第二个端点：21

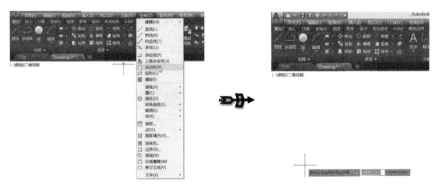

图 3.64　指定等边三角形边位置

（2）指定边另外一个点位置或输入边的长度 21，回车确认即可得到等边三角形。见图 3.65。

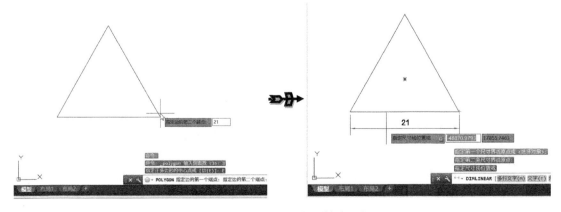

图 3.65　回车确认即可得到等边三角形

第 **4** 章

建筑结构 CAD 图形修改技巧快速提高

绘制建筑结构 CAD 图形时，修改和编辑图形是必不可少的。对建筑结构 CAD 图形的修改，有许多技巧和方法可以快速得到修改效果，有效地提高修改速度，显著地减少修改操作时间。这些图形修改技巧和方法是通过实践操作总结得到的，十分实用。本章介绍部分高效实用的建筑结构 CAD 图形修改技巧和方法。

4.1 建筑结构图中任意直线线条等分操作技巧

技巧内容

进行直线等分时，快速确定定位等分点位置。如要将某条直线等分为 5 段，快速确定等分点 A、B、C、D 的准确定位位置，见图 4.1。

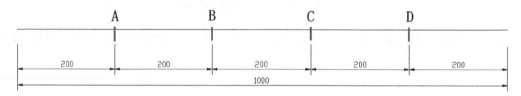

图 4.1 将直线等分为 5 段

技巧操作

（1）先设置点的形式。打开"格式"下拉菜单选择"点样式"选项。在"点样式"对话框中选择样式，见图 4.2。

（2）执行 DIVIDE 功能命令，即可等分直线。显示点样式的位置就是等分位置点，见图 4.3。

命令：DIVIDE

选择要定数等分的对象：

输入线段数目或 [块(B)]: 5

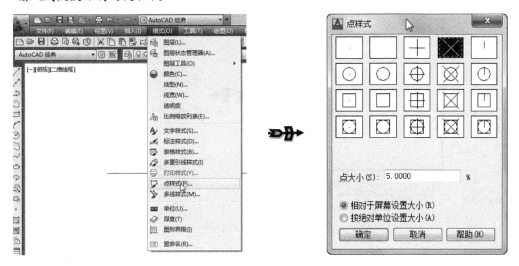

图 4.2 设置点的形式

图 4.3 得到等分结果

（3）标注一下各个等分格尺寸即可知道等分是否正确，见图 4.4。

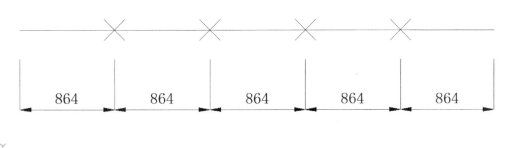

图 4.4 等分标注

（4）此外需注意，对使用 PLINE 功能命令绘制的多段线，等分时按一条直线等分，即转弯处计算为一个等分格，见图 4.5。

命令：DIVIDE

选择要定数等分的对象：

输入线段数目或 [块(B)]: 9

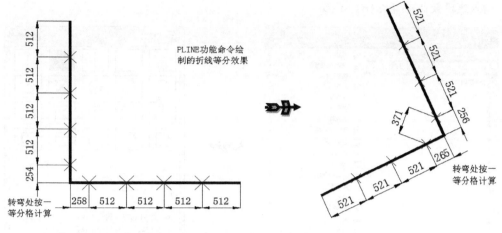

图 4.5　多段线(PLINE)等分

4.2　建筑结构图中任意弧线线条等分及标注技巧　◄◄◄

技巧内容

　　除了进行直线等分，还可以进行弧线等分，并快速确定定位等分点位置。弧线等分是弧线长度相等，不是水平或垂直间距相等。如要将某条弧线等分为 6 段，快速确定等分点 A、B、C、D、E 的准确定位位置，见图 4.6。

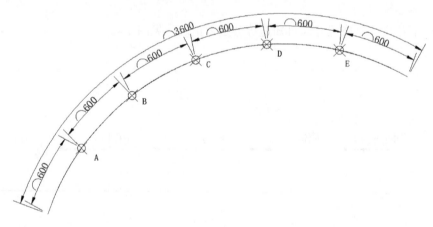

图 4.6　弧线等分

技巧操作

（1）先设置作为等分标识点的形式。打开"格式"下拉菜单选择"点样式"选项。在"点样式"对话框中选择样式，见图 4.7。

（2）执行 DIVIDE 功能命令，选择弧线输入等分段数即可等分（例如划分 9 段）。显示点样式的位置就是等分位置点，见图 4.8。

　　命令：DIVIDE

选择要定数等分的对象：

输入线段数目或 [块(B)]: 9

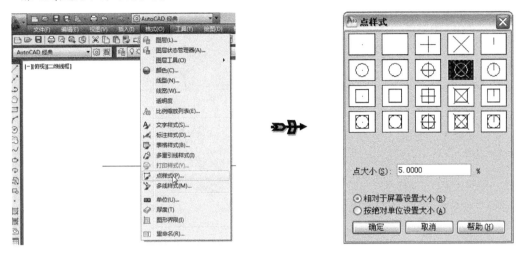

图 4.7　设置作为等分标识点的形式

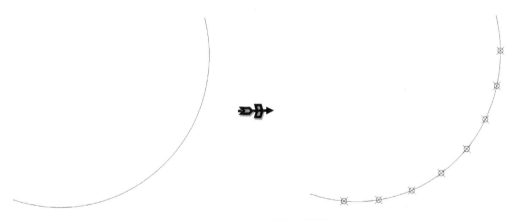

图 4.8　得到弧线等分结果

（3）要标注弧线各个等分段的长度，不能直接进行标注。需要先按等分格弧线段弧度及长度
绘制一段弧线，然后即可标注其等分长度，见图 4.9。

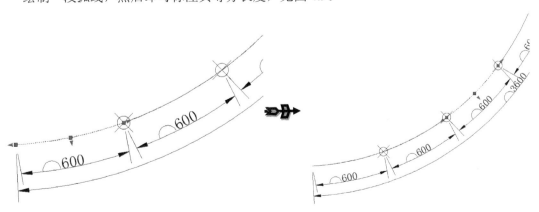

图 4.9　弧线等分长度标注

（4）完成弧线等分及标注。注意等分点位置标志符号是可以删除的，根据需要确定是否删除，见图4.10。

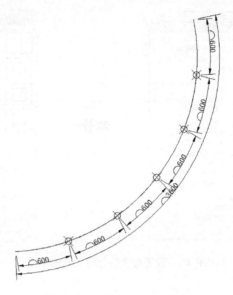

图 4.10　完成弧线等分及标注

（5）对 SPLINE 绘制的样条曲线按相同方法可以等分，但等分的也是弧线长度，并非水平或垂直间距长度等分。见图4.11。

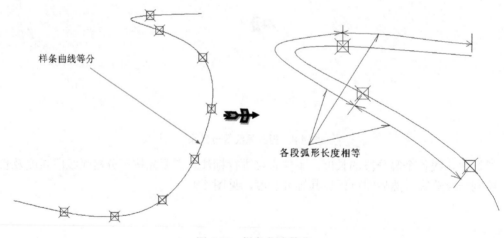

样条曲线等分

各段弧形长度相等

图 4.11　样条曲线等分

4.3　建筑结构图中任意圆形等分及标注技巧 <<<<

技巧内容

　　CAD 同样可以对圆形圆周进行等分，并快速确定圆周定位等分点位置。圆形圆周等分是圆形的圆周弧线长度相等，不是水平或垂直间距相等。如要将某圆形圆周等分为 9 段，快速确定等分点 A、B、C、D、E 的准确定位位置，见图4.12。

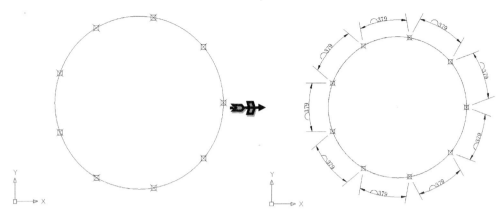

图 4.12　圆形圆周等分

技巧操作

（1）绘制圆形后，先设置作为等分标识点的形式。打开"格式"下拉菜单选择"点样式"选项。在"点样式"对话框中选择样式，见图 4.13。

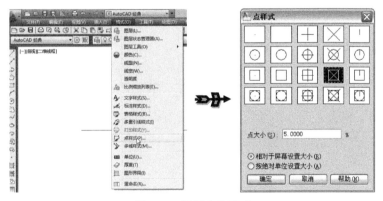

图 4.13　设置点的形式

（2）执行 DIVIDE 功能命令，选择圆形后输入等分段数即可等分。显示点样式的位置就是等分位置点，见图 4.14。

命令：DIVIDE

选择要定数等分的对象：

输入线段数目或 [块(B)]：7

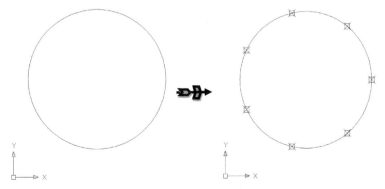

图 4.14　得到圆周等分结果

（3）要标注圆形圆周弧线各个等分段的长度，不能直接进行标注。需要先按等分格弧线段弧度及长度绘制一段弧线，然后即可标注其等分长度，见图 4.15。

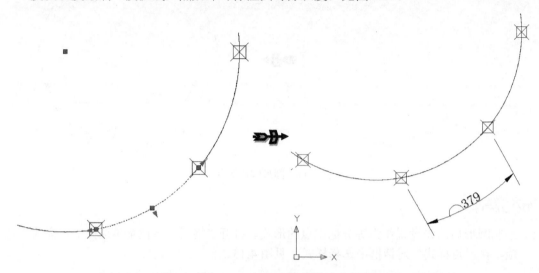

图 4.15　圆周弧线等分长度标注

（4）完成圆周弧线等分标注，见图 4.16。

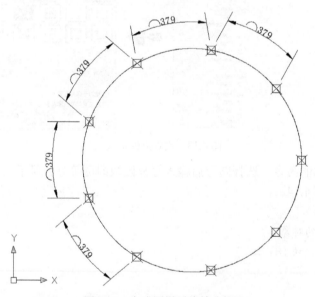

图 4.16　完成圆周弧线等分标注

4.4　选择建筑结构 CAD 图形对象技巧 ◂◂◂

技巧内容

在进行绘图时，需要经常选择图形对象进行操作。AutoCAD 提供了多种图形选择方法，其中最为常用的方式光标单击选取、窗口选取，见图 4.17。其中有一些选择操作技巧和选择方法值得掌握。

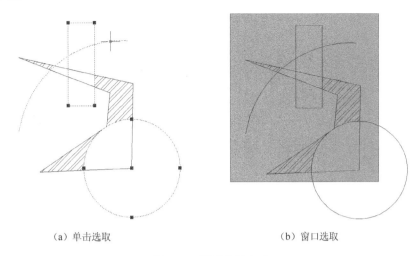

（a）单击选取　　　　　　　　　　　　（b）窗口选取

图 4.17　图形选择方式

技巧操作

（1）单击选择图形对象是使用矩形拾取框光标放在要选择对象的位置，将亮显对象，单击可以选择图形对象，要选择多个对象，多次单击即可。若要从已经选中的图形对象集中剔除某个图形不选择，则通过按住 Shift 键并再次选择对象，可以将其从当前选择集中剔除，即可不选择该图形对象，见图 4.18。

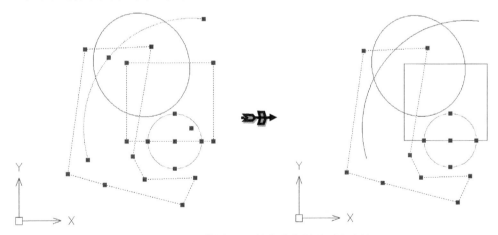

图 4.18　使用 Shift 键从选中图形剔除选择

（2）使用矩形窗口选择图形对象时，窗口操作方法不同，选择的图形范围不同。矩形窗口选择图形是指从第一点向对角点拖动光标的方向确定选择的对象。一般情况下，使用"窗口选择"选择对象时，通常整个对象都要包含在矩形选择区域中才能选中。

　　① 窗口选择（覆盖式）。从左向右拖动光标，以仅选择完全位于矩形区域中的对象（自左向右方向，即从点 A 至点 B 方向进行选择）。部分或大部分位于矩形区域中的图形对象均不能选中，见图 4.19（a）。

　　② 窗交选择（穿越式）。从左向右拖动光标，以选择矩形窗口包围的或相交的对象（自右向左方向，即从点 A 至点 B 方向进行选择）。只要与窗口接触的图形对象均可选中，见图

4.19（b）。

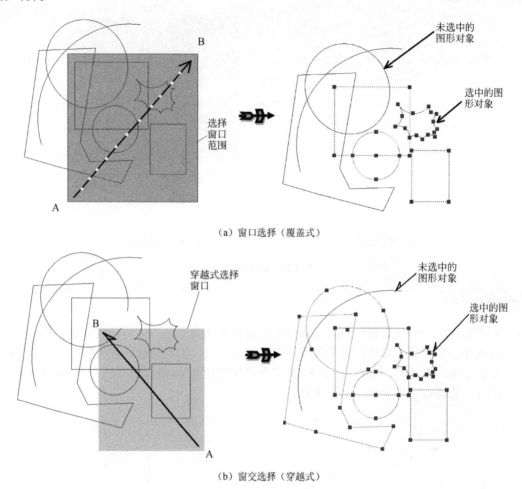

（a）窗口选择（覆盖式）

（b）窗交选择（穿越式）

图 4.19　图形选择方式

4.5 从已经选中建筑结构 CAD 图形对象集中放弃选择部分图形对象技巧 «««

技巧内容

　　在进行绘图时，经常需要从已经选中 CAD 图形对象集中放弃选择部分图形对象，而不用重新进行选择，以避免重复的绘图操作，减少操作工作量，见图 4.20。在操作时使用"R功能"可以实现这种选择方法，具体参见下面的操作方法。

技巧操作

（1）执行相应图形的操作功能命令（如移动、复制、旋转、镜像等，此处以移动图形对象为例）后，使用窗口方式选择图形对象。如图 4.21 中虚线所示的图形对象为已经选中。

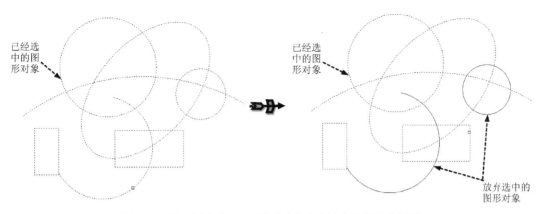

图 4.20　从已经选中 CAD 图形对象集中放弃选择部分图形

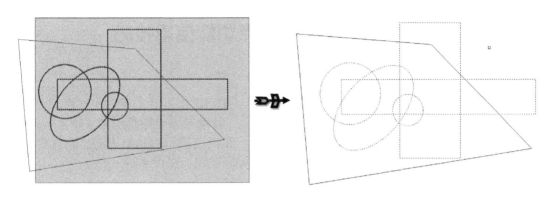

图 4.21　虚线所示的图形对象为已经选中

（2）要剔除放弃已经选中的部分图形，在命令提示内容后面如"选择对象："输入"R"后回车。参见下面的命令提示。然后单击选择要剔除放弃已经选中的部分图形，见图 4.22。

命令：MOVE
选择对象：指定对角点：找到 5 个，总计 5 个
选择对象：R（输入 R 准备剔除不选择图形）
删除对象：找到 1 个，删除 1 个，总计 4 个
删除对象：找到 1 个，删除 1 个，总计 3 个
删除对象：
指定基点或 ［位移(D)］ <位移>：
指定第二个点或 <使用第一个点作为位移>：

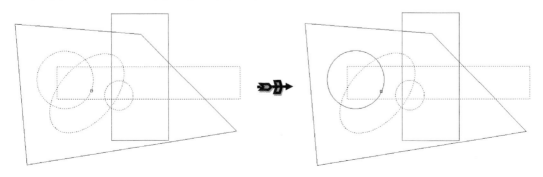

图 4.22　单击选择要剔除放弃已经选中的部分图形

（3）回车即可进行移动等相关操作，见图 4.23。

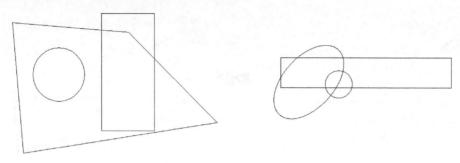

图 4.23　进行相关操作（移动图形对象）

4.6 建筑结构 CAD 图形夹点功能使用技巧 <<<<

技巧内容

　　CAD 图形中的夹点通俗地说就是选中图形后，在图形图线上所显示的小方块。可以使用不同类型的夹点和夹点模式以其他方式重新塑造、移动或操纵图形对象。要显示夹点，方法是打开"工具"下拉菜单选中"选项"命令，在"选项"对话框中的"选择集"选项卡中勾取选择"显示夹点"复选框，单击"确定"按钮，见图 4.24。

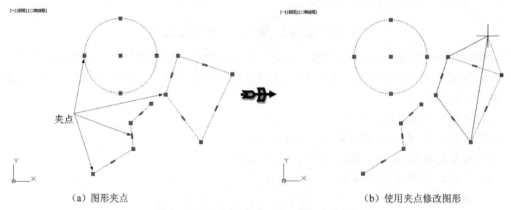

（a）图形夹点　　　　　　　　　　　　　（b）使用夹点修改图形

（c）显示夹点设置

图 4.24　图形夹点使用技巧

技巧操作

（1）要使用夹点，先选中图形，然后单击其中的小方块，该方块将改变颜色。此时可以直接移动光标,该图形被选中的夹点的端点将随光标移动改变图形现状。一般情况下，选择一个对象夹点以使用默认夹点模式（拉伸）或按 Enter 键或空格键来循环浏览其他夹点模式（移动、旋转、缩放和镜像），见图 4.25。

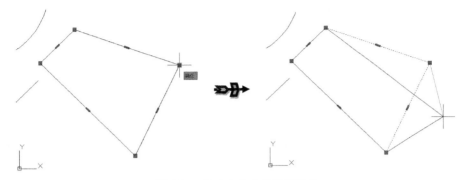

图 4.25　移动夹点改变图形形状

（2）如果单击了图形中间中点的小长方形夹点，则整个线段将随光标移动，而不仅是端点移动，见图 4.26。

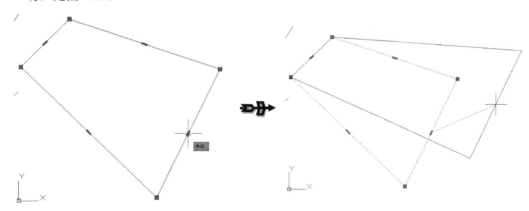

图 4.26　图线中点夹点的使用

（3）也可以在选定的夹点上单击鼠标右键，以查看快捷菜单上的所有可用选项。选中相应选项即可进行该操作，见图 4.27。

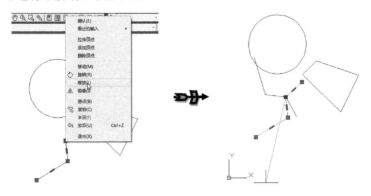

图 4.27　夹点快捷键的使用

（4）注意，在使用夹点功能时，锁定图层上的对象不显示夹点；选择多个共享重合夹点的对象时，可以使用夹点模式编辑这些对象；但是，任何特定于对象或夹点的选项将不可用，见图 4.28。

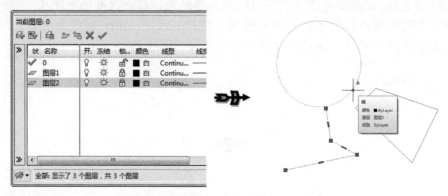

图 4.28　锁定图层上的对象不显示夹点

（5）选择图形对象后单击夹点,然后单击鼠标右键，在弹出的快捷菜单中选择相应的功能即可进行该功能操作，见图 4.29。

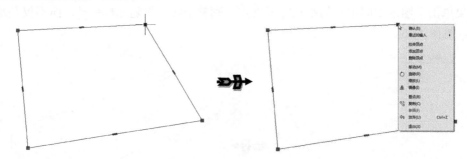

图 4.29　夹点快捷菜单操作

（6）使用夹点进行拉伸的技巧，见图 4.30。

　　① 当选择对象上的多个夹点来拉伸对象时，选定夹点间的对象的形状将保持原样。要选择多个夹点，可按住 Shift 键，然后选择适当的夹点。

　　② 文字、块参照、直线中点、圆心和点对象上的夹点将移动对象而不是拉伸它。

　　③ 当二维对象位于当前 UCS 之外的其他平面上时，将在创建对象的平面上（而不是当前 UCS 平面上）拉伸对象。

　　④ 如果选择象限夹点来拉伸圆或椭圆，然后在输入新半径命令提示下指定距离（而不是移动夹点），此距离是指从圆心而不是从选定的夹点测量的距离。

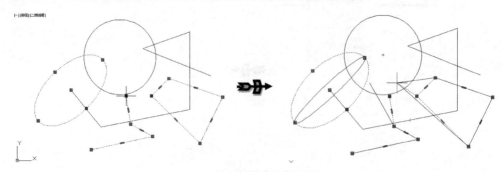

（a）同时选中多个夹点

（b）圆心和文字等夹点功能使用

图 4.30　夹点使用其他技巧

4.7　建筑结构 CAD 图形特性匹配使用技巧 ◀◀◀◀

技巧内容

　　图形特性匹配是指将选定图形对象的特性应用于其他图形对象。可应用的特性类型包含颜色、图层、线型、线型比例、线宽、打印样式、透明度和其他指定的特性。利用图形特性匹配可以快速修改某些图形线型、文字高度、图层、颜色等，对图形快速修改和图形组织归类有作用，见图 4.31。

　　命令：MATCHPROP

　　选择源对象：

　　当前活动设置：　颜色 图层 线型 线型比例 线宽 透明度 厚度 打印样式 标注 文字 图案填充 多段线 视口 表格材质 阴影显示 多重引线

　　选择目标对象或 [设置(S)]：s（输入 S 设置允许匹配的图形特性）

　　当前活动设置：　颜色 图层 线型 线型比例 线宽 透明度 厚度 标注 文字 图案填充 多段线 视口 表格材质 阴影显示 多重引线

　　选择目标对象或 [设置(S)]：指定对角点：

　　选择目标对象或 [设置(S)]：

　　选择目标对象或 [设置(S)]：

（a）设置允许匹配的图形特性

图 4.31

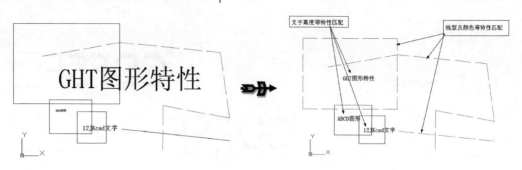

（b）利用特性匹配修改图形文字

图 4.31　图形特性匹配修改技巧

技巧操作

（1）图中文字高度和图层需要统一，按中间高度大小的文字为准。此时可以利用特性匹配功能快速实现。打开"修改"下拉菜单选择"特性匹配"选项。或在"标准"工具栏上单击"特性匹配"图标或在命令行输入 MATCHPROP 即可。出现一个刷子形状光标，先单击选取源图形对象，然后选择单击目标对象，即可将其特性复制到后选中的图形对象，见图 4.32。

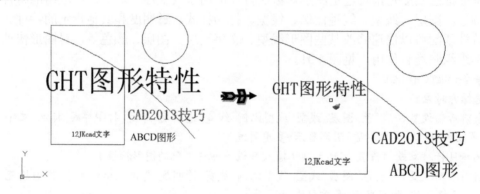

图 4.32　文字高度和图层需要统一

（2）特性匹配常常也用在统一尺寸标注样式上，操作方法同上述，见图 4.33。

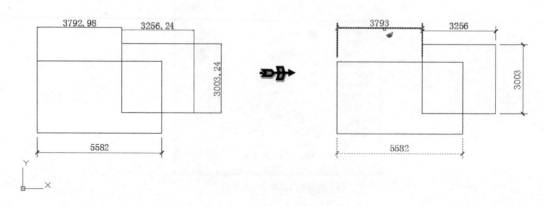

图 4.33　标注尺寸样式统一

4.8 将建筑结构图中多条直线或弧形连接为一体技巧

在实际 CAD 应用中，常常遇到多条首尾衔接的直线或弧形，有时需要将其修改为一条整体的线条，使用起来比较方便。该要求可以通过使用 PEDIT 功能命令来完成，见图 4.34。

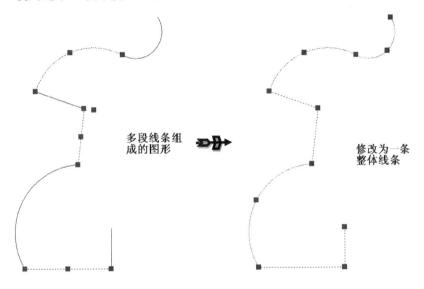

图 4.34 多段线条连接为一体

（1）先绘制好各段线条，同时确保两条线段之间其首尾端点是完全重合的，见图 4.35。

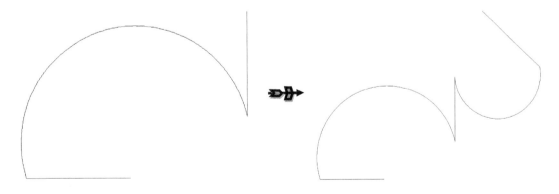

图 4.35 先绘制好各段线条

（2）注意，两条线段之间其首尾端点若不完全重合不能连接为一体，两条线段相互交叉或线条中间交叉都不能进行连接操作，需要调整端点完全一致，见图 4.36。

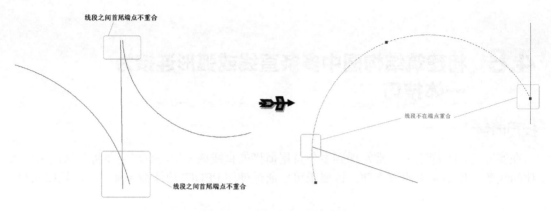

图 4.36　线条端点不重合情况

（3）执行 PEDIT 功能命令，选择要连接的线段，转换后输入"J"即可连接。包括 SPLINE、
　　 ARC 功能命令绘制的曲线及直线，均可以使用 PEDIT 进行连接为一条线条，见图 4.37。

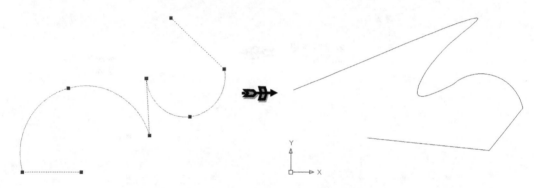

图 4.37　线条连接为一体（包括样条曲线）

4.9　建筑结构 CAD 图中折线快速转变为曲线的技巧方法　‹‹‹‹

技巧内容

使用 PLINE 及 PEDIT 组合功能命令，即可快速转换创建任意位置曲线，见图 4.38。

转换成曲线

PLINE绘制的折线

图 4.38　折线转快速换成曲线

技巧操作

（1）先使用 PLINE 功能绘制折线，可以按曲线方向角度位置绘制。若使用 PLINE 设置有宽度的折线，则得到的曲线也是有相同大小宽度的曲线，见图 4.39。

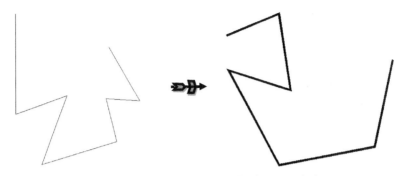

图 4.39　先使用 PLINE 功能绘制折线（不同宽度）

（2）使用 PEDIT 功能将所绘制折线切换成曲线，见图 4.40。

命令：PEDIT

选择多段线或 [多条(M)]：

输入选项 [闭合(C)/合并(J)/宽度(W)/编辑顶点(E)/拟合(F)/样条曲线(S)/非曲线化
(D)/线型生成(L)/反转(R)/放弃(U)]：F 输入 F 切换成曲线

输入选项 [闭合(C)/合并(J)/宽度(W)/编辑顶点(E)/拟合(F)/样条曲线(S)/非曲线化
(D)/线型生成(L)/反转(R)/放弃(U)]：

图 4.40　将所绘制折线切换成曲线（不同宽度）

（3）注意，若使用 PLINE 绘制的是一段直线，则不能切换成曲线，直线段数至少为两段以上，见图 4.41。

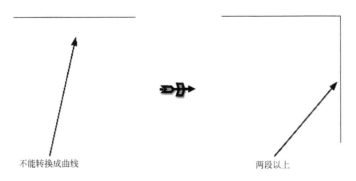

不能转换成曲线　　　　　　　两段以上

图 4.41　折线段数要求

4.10 建筑结构 CAD 图中多线交叉处快速编辑修改技巧 «««

技巧内容

　　使用多线 MLINE 功能命令绘制图形时，其交叉处编辑修改不是很方便，不太容易修改。直接使用 TRIM 进行剪切也不理想。此时，可以结合使用分解功能快速编辑修改，见图 4.42。

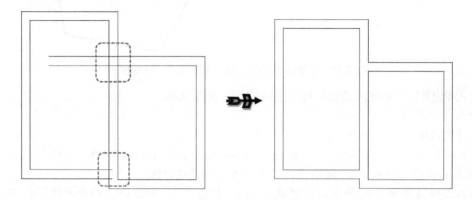

图 4.42　多线(MLINE)交叉处快速编辑修改

技巧操作

（1）先使用 MLINE 绘制多线图形，然后执行分解（EXPLODE）功能将多线分解，见图 4.43。

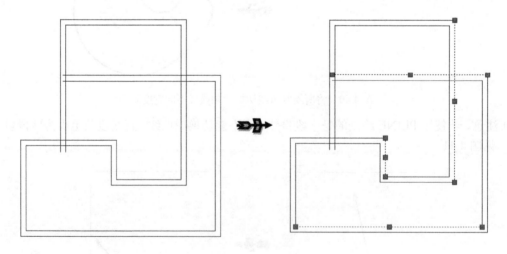

图 4.43　将多线分解

（2）执行 TRIM 或 CHAMFER 功能命令，对分解后的多线线条交叉处进行剪切修改，见图 4.44。

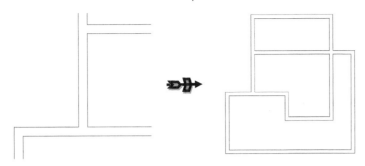

图 4.44　对分解后的多线线条交叉处进行剪切修改

4.11 建筑结构图中任意直线和曲线线条快速加粗技巧

<<<<

技巧内容

在 CAD 绘图中，常常需要加粗或修改线条的粗细，见图 4.45。利用 PEDIT 命令可以快速完成线条粗细修改。此外，圆形和椭圆形因不能转换为多段线，不能使用 PEDIT 功能命令直接修改其粗细。

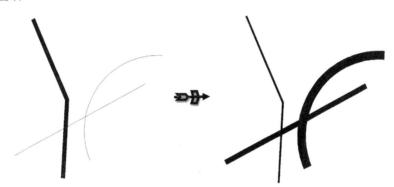

图 4.45　快速完成线条粗细修改

技巧操作

（1）先绘制要修改粗细的图形线条，见图 4.46。

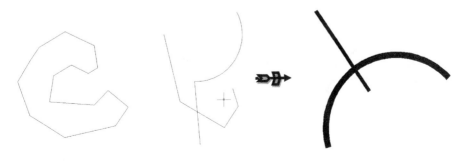

图 4.46　需要修改粗细的线条

（2）执行 PEDIT 功能命令，选择要修改粗细的线条，输入 W 后输入新的数值大小即可改变
　　粗细。若线条不是使用 PLINE 功能命令绘制的，则需要先转换线条为多段线，见图 4.47。

　　命令：PEDIT

　　选择多段线或 [多条(M)]：M

　　选择对象：指定对角点：找到 6 个

　　选择对象：

　　是否将直线、圆弧和样条曲线转换为多段线？[是(Y)/否(N)]？<Y> Y

　　输入选项 [闭合(C)/打开(O)/合并(J)/宽度(W)/拟合(F)/样条曲线(S)/非曲线化
(D)/线型生成(L)/反转(R)/放弃(U)]：W

　　指定所有线段的新宽度：30

　　输入选项 [闭合(C)/打开(O)/合并(J)/宽度(W)/拟合(F)/样条曲线(S)/非曲线化
(D)/线型生成(L)/反转(R)/放弃(U)]：

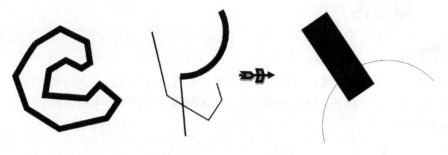

图 4.47　修改后粗细效果

（3）注意，可以使用 PEDIT 功能命令修改包括矩形、使用 SPLINE 功能命令绘制的样条曲线
　　的线条宽度。但对于圆形和椭圆形，则不能使用 PEDIT 功能命令直接修改其线条粗细，
　　需要使用其他方法进行修改，具体参见后面相关章节论述，见图 4.48。

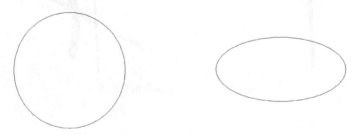

图 4.48　圆形和椭圆形不能使用 PEDIT 命令修改线条粗细

4.12 建筑结构图中任意圆形和椭圆形线条快速加粗修改技巧 ◀◀◀

技巧内容

　　在 CAD 绘图中，加粗圆形或椭圆形的线条比较不方便，有的读者可能不知道如何加粗
线条。其实加粗圆形或椭圆形线条，同样可以有一些技巧可以使用，可以快速加粗圆形或椭

圆形线条，方法是使用 BREAK 和 PEDIT 组合功能命令，见图 4.49。

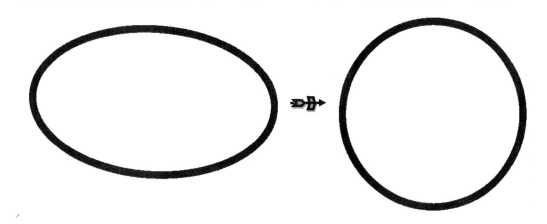

图 4.49　圆形和椭圆形线条快速加粗

技巧操作

（1）绘制圆形或椭圆形后，使用 BREAK 功能命令将其线条打断。注意打断时单击第一个打
　　 断点与第二个打断点位置距离十分近，需要放大才能看到，见图 4.50。

　　命令：BREAK
　　选择对象：
　　指定第二个打断点 或 ［第一点(F)］：f
　　指定第一个打断点：
　　指定第二个打断点：

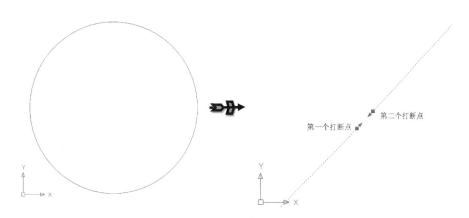

图 4.50　打断绘制圆形或椭圆形弧线

（2）使用 PEDIT 命令进行线条粗细修改，见图 4.51。

　　命令：pedit
　　选定的对象不是多段线
　　是否将其转换为多段线？ <Y> Y
　　输入选项 ［闭合(C)/合并(J)/宽度(W)/编辑顶点(E)/拟合(F)/样条曲线(S)/非曲线化
(D)/线型生成(L)/反转(R)/放弃(U)］：W

指定所有线段的新宽度：150

输入选项 [闭合(C)/合并(J)/宽度(W)/编辑顶点(E)/拟合(F)/样条曲线(S)/非曲线化(D)/线型生成(L)/反转(R)/放弃(U)]：

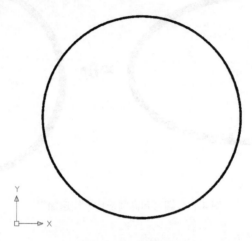

图 4.51　修改线条粗细

（3）若要封闭断线处，可以使用 PLINE 按相同宽度线条绘制即可，见图 4.52。

命令：PLINE

指定起点：

当前线宽为 0.0000

指定下一个点或 [圆弧(A)/半宽(H)/长度(L)/放弃(U)/宽度(W)]：w

指定起点宽度 <0.0000>：160

指定端点宽度 <160.0000>：160

指定下一个点或 [圆弧(A)/半宽(H)/长度(L)/放弃(U)/宽度(W)]：

指定下一点或 [圆弧(A)/闭合(C)/半宽(H)/长度(L)/放弃(U)/宽度(W)]：

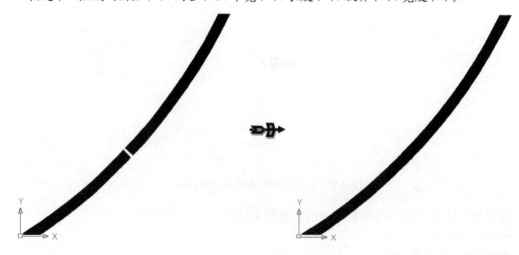

图 4.52　封闭断线处

（4）还可以通过偏移（OFFSET）和填充实体图案(HATCH)对圆形或椭圆形线条进行加粗。填充图案选择实体 SOLID，见图 4.53。

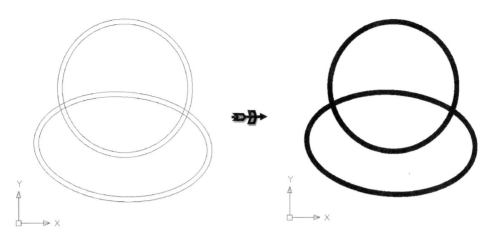

图 4.53 填充实体加粗圆形或椭圆形线条

4.13 建筑结构图中两条线段快速无缝平齐对接方法

◀◀◀

技巧内容

在 CAD 绘图中，常常遇到两条线段，在线段端部有一定间距或相互交叉的，但需要将其端点无缝平齐相连起来，此时可以使用 CHAMFER 功能命令快速完成，见图 4.54。

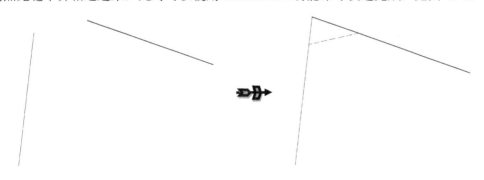

图 4.54 线段无缝快速自动平齐对接

技巧操作

（1）方法很简单，对两条不平行的线条执行 CHAMFER 功能命令，并设置倒角距离为"0"即可，注意平行线不能使用此功能，见图 4.55。

命令:chamfer

（"修剪"模式）当前倒角距离 1 = 2.0000，距离 2 =30.0000

选择第一条直线或 [放弃(U)/多段线(P)/距离(D)/角度(A)/修剪(T)/方式(E)/多个(M)]: d

指定 第一个 倒角距离 <2.0000>: 0

指定 第二个 倒角距离 <30.0000>: 0

选择第一条直线或 [放弃(U)/多段线(P)/距离(D)/角度(A)/修剪(T)/方式(E)/多个(M)]:

选择第二条直线,或按住 Shift 键选择直线以应用角点或 [距离(D)/角度(A)/方法(M)]:

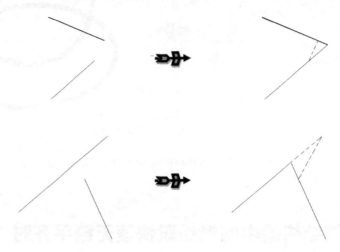

图 4.55　倒角距离为 "0" 倒角无缝平齐连接效果

(2) 若倒角距离不为 "0",则两段线条端点之间由直线连接,变为三段直线线条,见图 4.56。

命令:chamfer

("修剪"模式) 当前倒角距离 1 =0.0000, 距离 2 =0.0000

选择第一条直线或 [放弃(U)/多段线(P)/距离(D)/角度(A)/修剪(T)/方式(E)/多个(M)]: d

指定 第一个 倒角距离 <0.0000>:3 0

指定 第二个 倒角距离 <0.0000>: 20

选择第一条直线或 [放弃(U)/多段线(P)/距离(D)/角度(A)/修剪(T)/方式(E)/多个(M)]:

选择第二条直线,或按住 Shift 键选择直线以应用角点或 [距离(D)/角度(A)/方法(M)]:

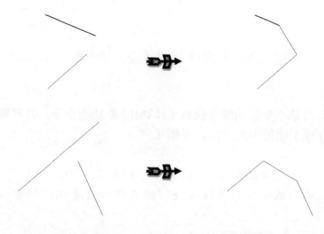

图 4.56　倒角距离不为 "0" 倒角无缝平齐连接效果

（3）对交叉的线段，倒角时注意单击选择边的方向，单击不同位置倒角效果不同，见图 4.57。

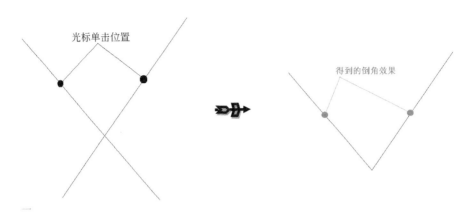

（a）交叉线条单击位置 A 及倒角无缝平齐连接效果

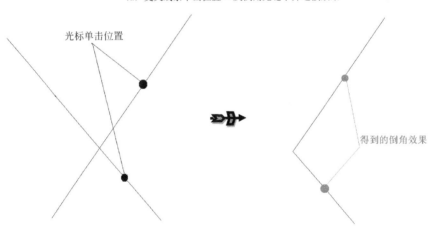

（b）交叉线条单击位置 B 及倒角无缝平齐连接效果

图 4.57　交叉线条单击位置不同倒角无缝连接平齐效果不同

4.14 建筑结构图中两条直线通过光滑圆弧连接技巧

技巧内容

在 CAD 画图中，经常需要将两条直线通过圆弧光滑连接，利用 FILLET 功能命令可以快速实现，见图 4.58。

技巧操作

（1）对两条不平行的线条执行 FILLET 功能命令，并设置合适的倒角半径，注意平行线不能使用此功能，见图 4.59。

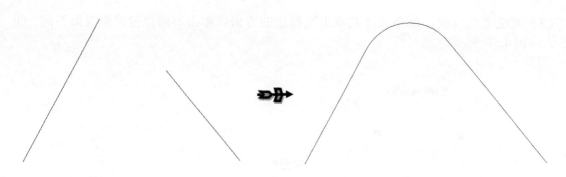

图 4.58　两条直线通过光滑圆弧连接

命令：FILLET
当前设置：模式 = 修剪，半径 = 90.0000
选择第一个对象或 [放弃(U)/多段线(P)/半径(R)/修剪(T)/多个(M)]：R
指定圆角半径 <90.0000>：600
选择第一个对象或 [放弃(U)/多段线(P)/半径(R)/修剪(T)/多个(M)]：
选择第二个对象，或按住 Shift 键选择对象以应用角点或 [半径(R)]：

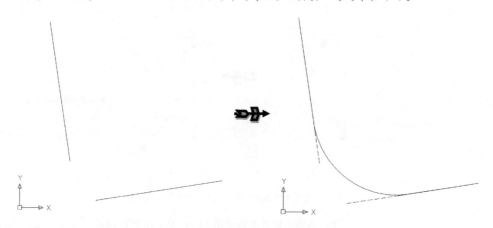

图 4.59　两条直线通过光滑圆弧连接

（2）注意，倒角半径若为"0"，则二者是无缝平齐连接，见图 4.60。

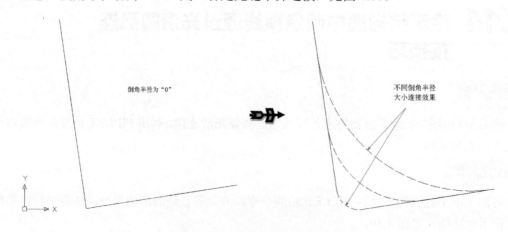

图 4.60　不同倒角半径弧线连接效果

（3）若倒角半径过大，则不能进行圆弧连接。半径设置需要根据两条直线 A、B 相互位置关系确定合适的值，见图 4.61。

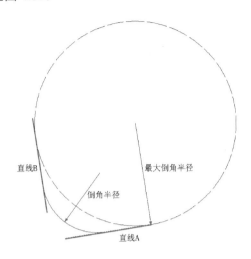

图 4.61 弧线连接倒角半径设置要求

4.15 建筑结构图中任意大小角度等分技巧

技巧内容

在 CAD 画图中，可能需要将任意大小角度进行等分，例如将图中角度（54°）进行三等分，利用弧线等分技巧可以进行角度等分，见图 4.62。

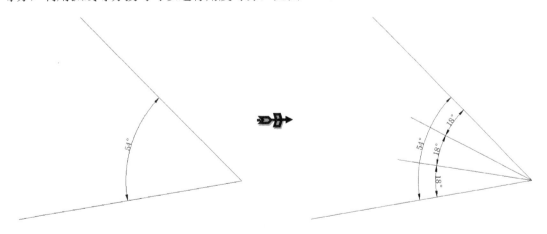

图 4.62 角度等分

技巧操作

（1）以角度的端点作为圆心绘制任意大小圆形，圆形建议稍大一些，见图 4.63。

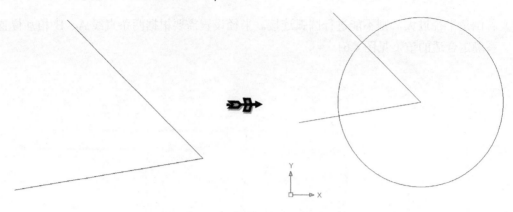

图 4.63　以角度端点为圆心绘制圆形

（2）进行剪切，保留角度内弧线。然后利用前述弧线等分的方法，对角度内的弧线进行等分，注意先设置点的样式，见图 4.64。

命令：divide

选择要定数等分的对象：

输入线段数目或 [块(B)]：3

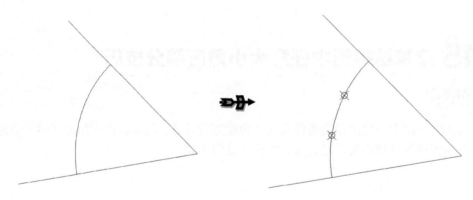

图 4.64　剪切并等分角度内弧线

（3）连接角度端点和弧线等分位置点，即可得到角度等分线，然后删除弧线及等分点图形即可完成角度等分，见图 4.65。

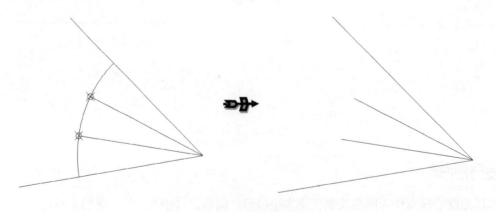

图 4.65　连接得到角度等分线

4.16 将有共同基点的建筑结构 CAD 图形按指定位置和方向旋转技巧

技巧内容

在两个图形具有共同基点 CD 的情况下，需要将图形 B 按图形 A 指定位置和方向旋转，例如将图形 B 的 CE 边按图形 A 的 CD 边的角度进行旋转，使得 CE、CD 二者重合。见图 4.66。

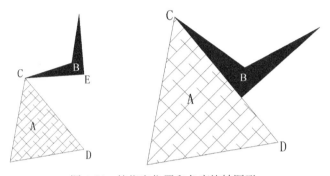

图 4.66　按指定位置和角度旋转图形

技巧操作

（1）执行旋转功能命令（ROTATE），选择图形 B。指定旋转基点为 C。然后在"指定旋转角度"提示后输入"R"按参照角度旋转。在提示"指定参照角"时单击选取点 C 与 E 端点，见图 4.67。

命令：ROTATE
UCS 当前的正角方向：ANGDIR=逆时针　ANGBASE=0
选择对象：指定对角点：找到 1 个
选择对象：
指定基点：
指定旋转角度，或 [复制(C)/参照(R)] <0>：R
指定参照角 <310>：指定第二点：（点取点 C 与 E 端点）
指定新角度或 [点(P)] <0>：（点取点 D 端点）

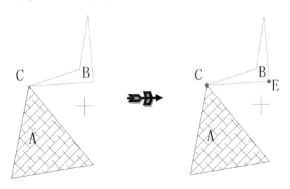

图 4.67　指定参照角位置

（2）在提示"指定新角度"时单击选取点 D 端点，即可按指定位置和角度完成旋转，见图 4.68。

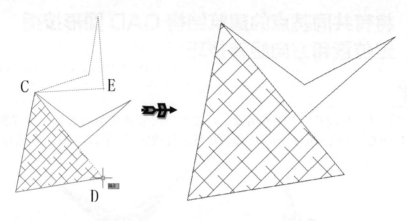

图 4.68 指定旋转新角度

4.17 将不同位置建筑结构 CAD 图形按指定位置和方向旋转技巧

技巧内容

当两个图形在不同位置的情况下，需要将图形按指定位置和方向旋转，例如，将图形 B 的 EF 边按图形 A 的 CD 边的角度进行旋转，使得 EF、CD 二者平行，见图 4.69。

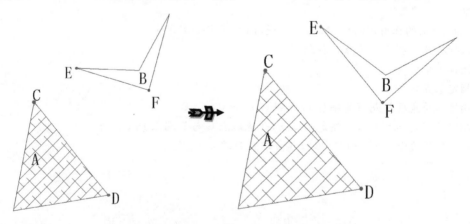

图 4.69 不同位置图形按指定位置和方向旋转

技巧操作

（1）按图形 A 的 CD 角度和长度绘制一条斜线 cd，然后将该斜线 cd 移动到 E 点，并使得 c 点位于 E 点，见图 4.70。

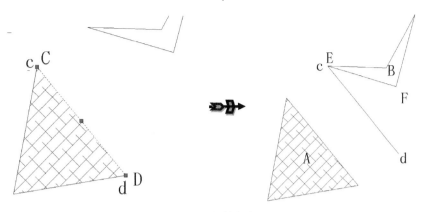

图 4.70　绘制直线 cd

（2）按前述介绍的技巧将图形 B 按斜线 cd 的角度和方向旋转，然后删除 cd 即可得到所要求的旋转角度方向。其他图形要求的旋转方法与此类似，见图 4.71。

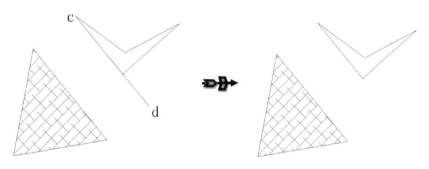

图 4.71　按 cd 旋转图形 B

4.18 将建筑结构 CAD 图形按指定图形大小 缩放技巧

技巧内容

　　将图形按指定图形大小缩放，例如,将图形 A 的大小按图形 B 的大小进行缩放，使得图形 A 的 b 点与图形 B 的边 de 高度一致，见图 4.72。

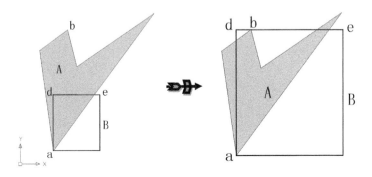

图 4.72　将图形按指定图形大小缩放

技巧操作

（1）执行缩放功能命令（SCALE），选择图形 A。指定缩放基点为 a。然后在" 指定比例因子"提示后输入"R"按参照角度缩放。在提示"指定参照长度"时单击选取点 a 与 b 端点高度平行线位置点，见图4.73。

命令：SCALE
选择对象：找到 1 个
选择对象：
指定基点：
指定比例因子或 [复制(C)/参照(R)] <0.4619>： R
指定参照长度 <1369.2239>： 指定第二点：
指定新的长度或 [点(P)] <632.4446>：

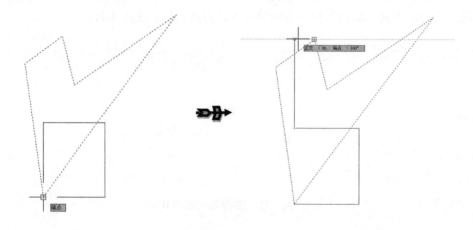

图 4.73　指定图形 A 参照长度

（2）在提示"指定新的长度"时单击选取点 de 高度位置端点，即可按指定大小完成缩放图形 A，见图4.74。

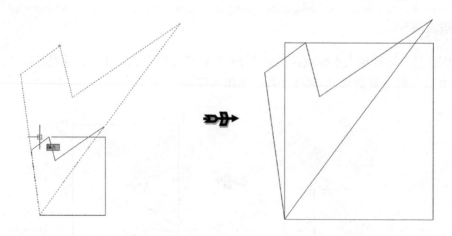

图 4.74　完成缩放图形 A

4.19 快速选择多个建筑结构 CAD 图形进行移动、复制或删除等操作技巧

技巧内容

　　在实际工程画图中，可能需要从复杂的图形中选择其中部分图形进行移动、复制或删除等操作，若逐个选择图形进行移动、复制或删除等操作会比较费时。可以利用图层锁定功能快速实现多个图形移动、复制或删除等。例如，需要将图形中的所有家具移动、复制或删除等，操作同时对其他图形不造成任何影响，见图 4.75。

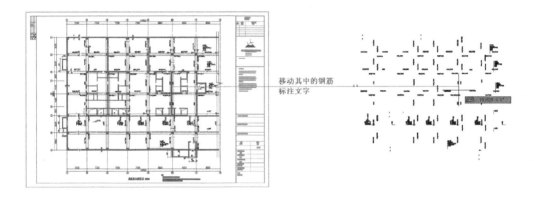

图 4.75　快速选择多个图形进行移动、复制或删除等操作

技巧操作

（1）执行图层（LAYER）功能命令，在弹出的对话框中，单击右侧框内，使用快捷键 Ctrl+A
　　选中全部图层。在绘制图形时，注意按图形类型和关联性设置相应的图层（LAYER）进
　　行绘制，见图 4.76。

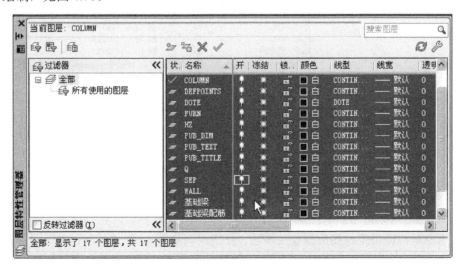

图 4.76　选中全部图层

（2）单击"锁定"栏下的任意一个图层的锁型图标，即可将所有图层锁定，见图 4.77。

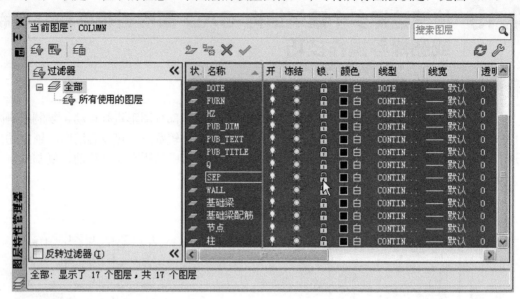

图 4.77　将所有图层锁定

（3）再单击栏内任意无文字处，取消选中状态，然后单击需要移动、复制或删除等的图形所在的图层锁型图标，将其解锁，见图 4.78。

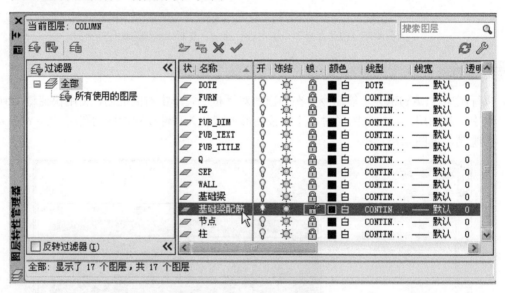

图 4.78　解锁图形所在的图层

（4）关闭图层特性管理器，切换回图形画图窗口中。执行相应的功能命令（移动、复制或删除等），然后可以选中所有图形（窗口选择或穿越选择均可），见图 4.79。

（5）回车指定基点即可进行相应操作（移动、复制或删除等），此时可以看到仅图层未锁定的图形发生操作（移动、复制或删除等），其他保持不变。最后将其他图层解锁即可进行其他步骤操作了，见图 4.80。

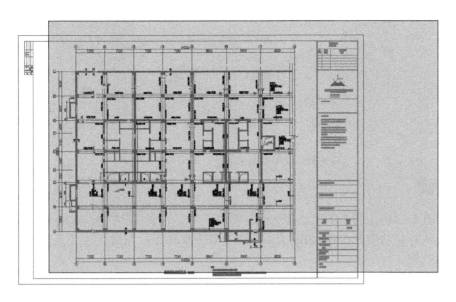

图 4.79　选中所有图形

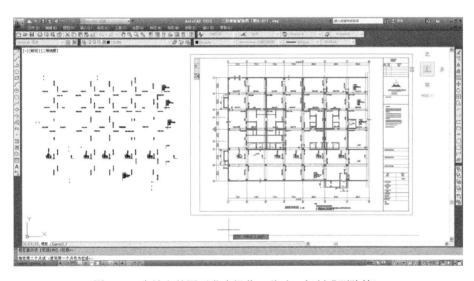

图 4.80　未锁定的图形发生操作（移动、复制或删除等）

4.20 建筑结构同一 CAD 图形文件中定位复制 或移动图形技巧

 技巧内容

在实际绘图中，常常需要将相同图形文件中的一个或多个图形准确复制或移动到另外位置图形的指定位置，见图 4.81，将左边图形复制或移动到右侧图形中，同时要使得 A 点的位置与 B 点完全重合一致。

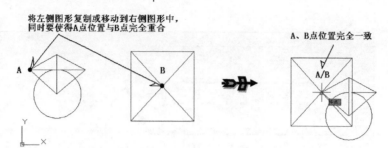

图 4.81　将图形准确复制、移动到指定位置

技巧操作

（1）要使如图 4.82 所示的左侧图形移动或复制到右侧图形中，且左侧图形的 B 点位置位于 A 点上。执行移动命令（MOVE）后，选择全部左侧图形，同时指定 B 点作为移动或复制的基点位置。

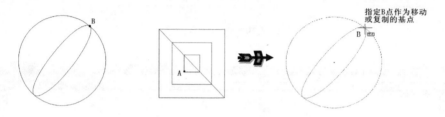

图 4.82　指定复制或移动基点

（2）移动光标至 A 点附近，利用捕捉功能（如端点捕捉）进行定位，单击确认即可将图形从 A 点准确定位复制或移动至 B 点位置。其他复杂的图形定位方法与此相同，见图 4.83。

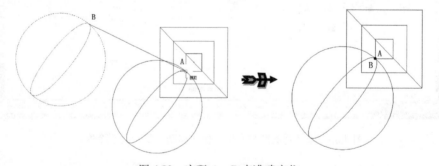

图 4.83　实现 A、B 点准确定位

4.21 不同建筑结构 CAD 图形文件中图形准确定位复制技巧

技巧内容

　　在实际绘图中，常常需要在不同图形文件中相互复制使用某个或部分图形。例如，将图形文件（例如 a1.dwg 图形文件）中的带阴影线部分图形，准确定位复制到图形文件（例如

a2.dwg 图形文件）中，同时要使得复制的图形中的图形 A 点位于图形文件 a2.dwg 中图形 B 点位置上，见图 4.84。

要实现前述要求，将图形准确复制到指定位置，可以使用"带基点复制"的功能方法，即将选定的对象与指定的基点一起复制到剪贴板，然后将图形准确粘贴到指定位置。

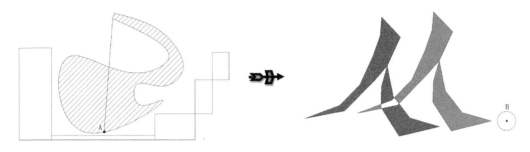

图 4.84　不同图形文件之间图形准确定位复制

技巧操作

（1）在要复制的图形文件（例如 a1.dwg）窗口中，单击打开"编辑"下拉菜单选择"带基点复制"选项。然后先指定基点位置，见图 4.85，再选择要复制的图形对象。也可以使用快捷菜单方法，即终止所有活动命令，在绘图区域中任意位置单击鼠标右键，然后从剪贴板中选择"带基点复制"命令。

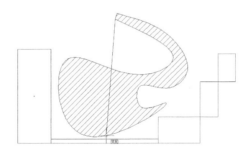

图 4.85　先指定基点位置（a1.dwg 图形文件窗口中）

（2）切换到另外一个图形文件（例如 a2.dwg）窗口中，单击打开"编辑"下拉菜单选择"粘贴"选项。然后通过使用捕捉功能，移动光标将图形文件复制到指定位置点，单击定位置点即可完成粘贴。其他需要在两个图形文件之间指定位置进行复制的方法与此相同，见图 4.86。

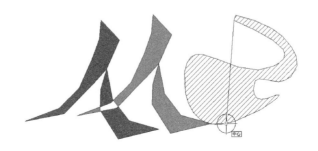

图 4.86　将图形文件复制到指定位置点（a2.dwg 图形文件窗口中）

4.22 建筑结构 CAD 图形线型快速设置技巧 <<<<

技巧内容

在绘制图形时，默认的线型是细实线。但实际常常需要使用各种线型，如点划线、虚线等。通过设置或加载线型可以得到所需要的形状线型，如图 4.87 所示。CAD 图形线型是由直线、虚线、点和空格等形式组成的重复图案，显示为直线或曲线。可以通过图层将线型指定给对象，也可以不依赖图层而明确指定线型。在绘图开始时加载绘图所需的线型，以便在需要时使用。

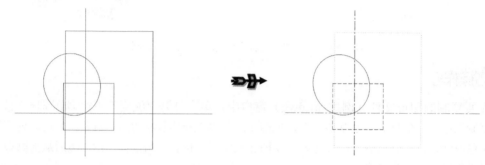

图 4.87　CAD 线型使用

技巧操作

（1）加载线型

加载线型的步骤如下。

① 依次单击"常用"标签→"特性"面板→"线型"。

② 在"线型"下拉列表中，单击"其他"命令。然后，在"线型管理器"对话框中，单击"加载"按钮。

③ 在"加载或重载线型"对话框中，选择一种线型。单击"确定"按钮。如果未列出所需线型，可单击"文件"按钮。在"选择线型文件"对话框中，选择一个要列出其线型的 LIN 文件，然后单击该文件。此对话框将显示存储在选定的 LIN 文件中的线型定义，选择一种线型，单击"确定"按钮。

④ 可以按住 Ctrl 键来选择多个线型，或者按住 Shift 键来选择一个范围内的线型，单击"确定"按钮，见图 4.88。

图 4.88　加载线型

（2）设定和更改当前线型

所有对象都是使用当前线型（显示在"特性"工具栏上的"线型"控件中）创建的。也可以使用"线型"控件设定当前的线型。如果将当前线型设定为 BYLAYER，则将使用指定给当前图层的线型来创建对象。如果将当前线型设定为 BYBLOCK，则将对象编组到块中之前，将使用 CONTINUOUS 线型来创建对象。将块插入到图形中时，此类对象将采用当前线型设置。如果不希望当前线型成为指定给当前图层的线型，则可以明确指定其他线型。CAD 软件中某些对象（文字、点、视口）不显示线型，见图 4.89。

CAD2018

图 4.89　文字等不显示线型

① 为全部新图形对象设定线型的步骤。

a. 依次单击"常用"标签→"特性"面板→"线型"。

b. 在"线型"下拉列表中，单击"其他"命令。然后，在"线型管理器"对话框中，单击"加载"按钮。可以按住 Ctrl 键来选择多个线型，或者按住 Shift 键来选择一个范围内的线型。

c. 在"线型管理器"对话框中，执行以下操作之一：

选择一个线型并选择"当前"，以该线型绘制所有的新对象。

选择 BYLAYER 以便用指定给当前图层的线型来绘制新对象。

选择 BYBLOCK 以便用当前线型来绘制新对象，直到将这些对象编组为块。将块插入到图形中时，块中的对象将采用当前线型设置。

d. 单击"确定"按钮。

② 更改指定给图层的线型的步骤。

a. 依次单击"常用"标签→"图层"面板→"图层特性"。

b. 在图层特性管理器中，选择要更改的线型名称。

c. 在"选择线型"对话框中，选择所需的线型。单击"确定"按钮。

d. 再次单击"确定"按钮。

③ 更改图形对象的线型方法：

选择要更改其线型的对象。依次单击"常用"标签→"选项板"面板→"特性"。在特性选项板上，单击"线型"控件，选择要指定给对象的线型。可以通过以下三种方案更改对象的线型：

a. 将对象重新指定给具有不同线型的其他图层。如果将对象的线型设定为 BYLAYER，并将该对象重新指定给其他图层，则该对象将采用新图层的线型。

b. 更改指定给该对象所在图层的线型。如果将对象的线型设定为 BYLAYER，则该对象将采用其所在图层的线型。如果更改了指定给图层的线型，则该图层上指定了"BYLAYER"线型的所有对象都将自动更新。

c. 为对象指定一种线型以替代图层的线型。可以明确指定每个对象的线型。如果要用其他线型来替代对象由图层决定的线型，请将现有对象的线型从 BYLAYER 更改为特定的线型（例如 DASHED）。

4.23 建筑结构 CAD 图形线型不显示调整修改技巧

 ««««

技巧内容

在实际绘图操作中，设置了某些图形为指定的线型，但在屏幕上显示效果仍然是原来的线型，好像没有发生改变，即线型形式不出来。此时可以通过修改设置线型比例（LTSCALE）的大小，即可使得线型显示为新的线型，见图 4.90。

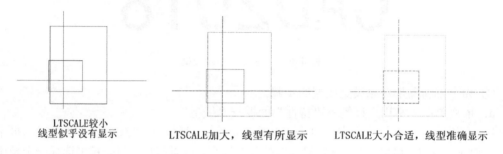

LTSCALE较小 线型似乎没有显示　　　　LTSCALE加大，线型有所显示　　　　LTSCALE大小合适，线型准确显示

图 4.90　不同线型显示效果设置调整

技巧操作

（1）图形对象的线型设定后，若显示无线型效果（轴线应为点划线），见图 4.91。此时，需进行设置控制线型比例 LTSCALE 的数值大小，将其设置为合适的数值。LTSCALE 数值的准确大小可能要多试几次，才能得到合适的效果。

命令：LTSCALE
输入新线型比例因子 <1.0000>: 100
正在重生成模型。

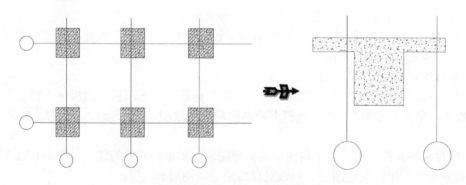

图 4.91　图形不显示线型效果

通过全局更改或分别更改每个对象的线型比例因子，可以以不同的比例使用同一种线型。默认情况下，全局线型和独立线型的比例均设定为 1.0。比例越小，每个绘图单位中生成的重复图案数越多。例如，设定为 0.5 时，每个图形单位在线型定义中显示两个重复图案。不能显示一个完整线型图案的短直线段显示为连续线段。对于太短，甚至不能显示一条虚线的直线，可以使用更小的线型比例，见图 4.92。

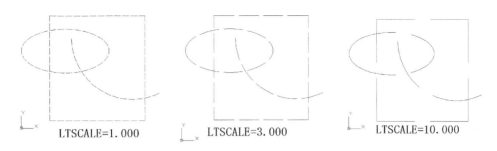

图 4.92　不同全局比例因子显示效果

　　此外，"全局比例因子"的值控制 LTSCALE 系统变量，该系统变量可以全局更改新建对象和现有对象的线型比例。"当前对象缩放比例"的值控制 CELTSCALE 系统变量，该系统变量可以设定新建对象的线型比例。将用 LTSCALE 的值与 CELTSCALE 的值相乘可以获得显示的线型比例。可以轻松地分别更改或全局更改图形中的线型比例。在布局中，可以通过 PSLTSCALE 调节各个视口中的线型比例。

（2）刷新视图。在"视图"下拉菜单中选择"重画"或"全部重生成"命令，线型修改即可显示（轴线为点划线），见图 4.93。

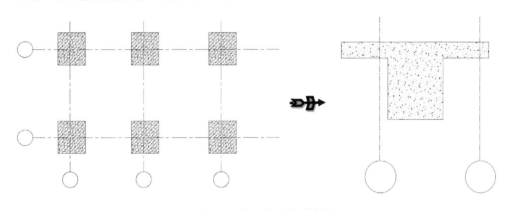

图 4.93　图形显示线型效果

第5章

建筑结构CAD图形尺寸文字标注技巧快速提高

建筑结构 CAD 图形绘制完成后，一般都需要进行文字尺寸标注。建筑结构 CAD 图形文字尺寸的标注也有一些操作技巧和方法，这些技巧和方法一般都是在实际操作中总结出来的。熟练掌握这些技巧和方法，可以加快文字尺寸标注，使得建筑结构 CAD 绘图工作更为高效和美观。

此外，为便于学习提高 CAD 绘图技能，本章（本书）中绘制 CAD 钢筋符号专用字体文件，读者连接互联网后可以到以下地址下载。

百度网盘：https://pan.baidu.com/s/1dF9JsDb，其中"1dF9JsDb"中的"1"为数字。

5.1 建筑结构 CAD 图形尺寸标注小数位数精度设置方法

技巧内容

在进行图形尺寸标注时，一般情况下是取整数不需要小数点，例如 3600。但有时需要取小数点后 1~3 位数，例如 3600.68。根据需要，尺寸不同小数点位数可以通过精度调整实现标注，见图 5.1。

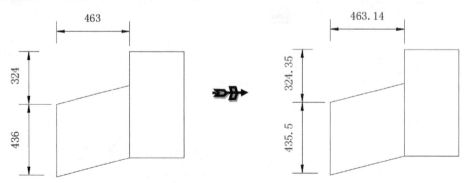

图 5.1　不同尺寸标注小数位数标注

技巧操作

（1）图形绘制后，进行尺寸标注时，根据小数位数需要先设置标注样式。打开"格式"下拉菜单选择"标注样式"命令，弹出"标注样式管理器"对话框，在"列出"栏下选择"正在使用的样式"，然后单击右侧的"修改"按钮，在弹出的"修改标注样式****"对话框中选择"主单位"选项卡见图 5.2。

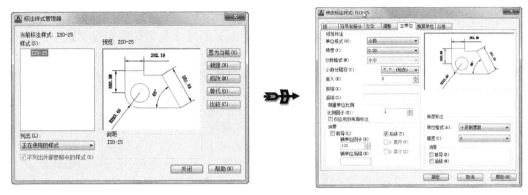

图 5.2 选择"主单位"选项卡

（2）单击"精度"右侧的小三角，选择相应的小数位数，例如"0.00"。然后在"小数分隔符"右侧的下拉列表框中选择相应的小数点符号，例如"．（句点）"，最后单击"确定"按钮即可，见图 5.3。

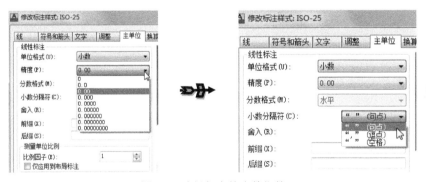

图 5.3 选择相应的小数位数

（3）单击"确定"按钮返回标注样式管理器，单击"置为当前"按钮，关闭标注样式管理器。返回绘图窗口，进行图形标注尺寸，将得到所选择的精度小数位数形式，CAD 默认的小数位数采用四舍五入，见图 5.4。

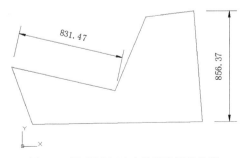

图 5.4 图形标注尺寸得到设置的位数

5.2 建筑结构 CAD 图形标注尺寸时文字及箭头特小调整放大方法 «««

技巧内容

图纸绘制中，常常需要进行尺寸标注，但标注出来的尺寸文字和箭头线都较小，看不清楚，甚至根本看不见，以为没有尺寸大小。这种情况是因为当前使用的标注样式没有设置或设置不合适。可以通过调整标注样式或利用特性匹配功能快速调整得到合适的标注尺寸和箭头大小，见图 5.5。

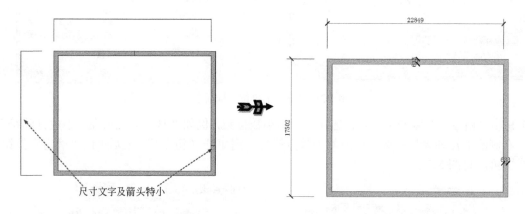

图 5.5　标注尺寸文字及箭头大小调整

技巧操作

（1）进行图形尺寸标注，若标注出来的尺寸文字和箭头线都较小，则需要调整标注效果，见图 5.6。

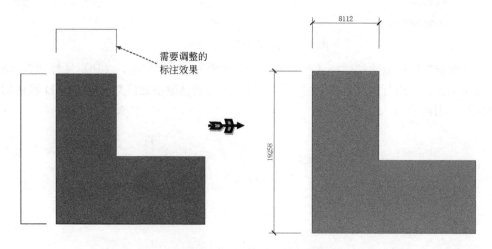

图 5.6　需要调整的图形标注效果

（2）调整方法之一是修改当前使用的标注样式。打开"格式"下拉菜单，选择"标注样式"

命令，弹出"标注样式管理器"对话框，在"列出"栏下选择"正在使用的样式"，然后单击右侧的"修改"按钮。在弹出的"修改标注样式****"对话框中设置修改合适的相关参数数值大小，一般是加大其数值，包括线、符号和箭头、文字、主单位等。最后单击"确定"按钮返回标注样式管理器，单击"置为当前"按钮，关闭即可，见图 5.7。

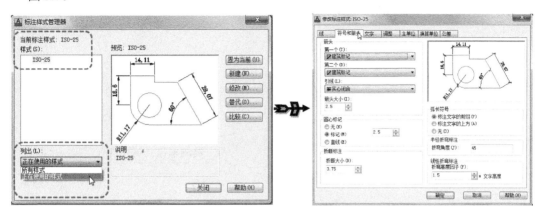

图 5.7　修改标注样式

（3）返回绘图窗口，当前图形标注尺寸将发生变化。若效果还不满意，按上述方法再次修改相关参数，直至效果合适为止，见图 5.8。

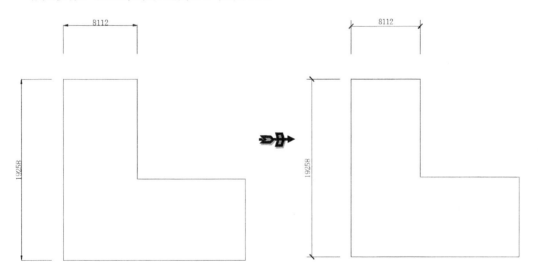

图 5.8　调整后标注效果

5.3　建筑结构 CAD 绘图单位换算及标注技巧 ◄◄◄◄

技巧内容

在建筑结构工程设计 CAD 绘图中，一般与房屋结构制图标准一致，使用国家标准单位[如一般尺寸是毫米（mm），标高是米（m）]。但有时可能需要转换为其他单位（如英制的英寸）或同时标注两种单位，例如，要将创建的图形的单位同时标注毫米（mm）和英寸（in），见图 5.9。

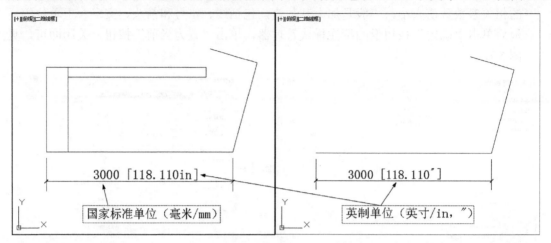

图 5.9　图形单位换算标注

技巧操作

（1）绘制好图形后，准备标注。单击"格式"下拉菜单，选择"标注样式"选项，在弹出的"标注样式管理器"对话框中，选择一个样式后单击"修改"按钮弹出"修改标注样式＊＊＊"对话框，见图 5.10。

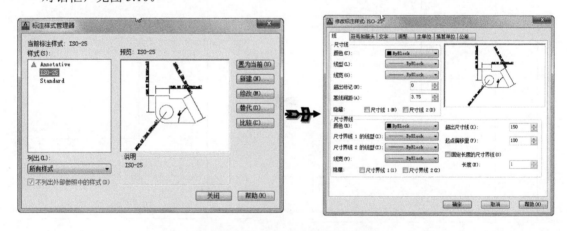

图 5.10　"标注样式管理器"对话框

（2）在"修改标注样式＊＊＊"对话框中选择"换算单位"选项卡，单击勾取"显示换算单位"复选框，然后在下面设置单位格式、精度、换算单位倍数、前后缀等。其中，换算单位倍数是两种单位的换算关系，前后缀是标注时加在标注尺寸数字前面或后面的文字内容。然后单击"确定"按钮返回"标注样式管理器"对话框中，单击"置为当前"按钮，后关闭即可，见图 5.11。

（3）进行标注即可得到所设置的换算单位效果，注意，角度的标注单位是不会换算修改的，见图 5.12。

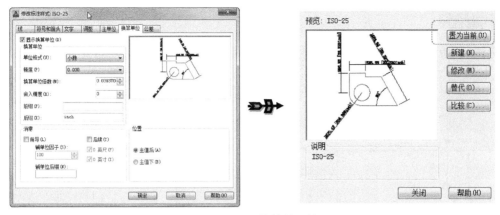

图 5.11　设置换算单位等

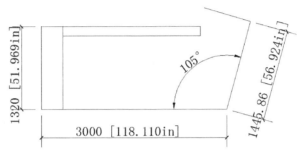

图 5.12　标注两种单位尺寸效果

5.4 将建筑结构图形中的标注尺寸大小修改为任意文字字符技巧

◂◂◂

技巧内容

　　将图形中的标注尺寸大小修改为任意文字字符，例如，将图形中的尺寸"36""47.9"分别以"高度尺寸 H""水平长度 L"文字替代，利用分解和查找替换功能可以快速实现，见图 5.13。

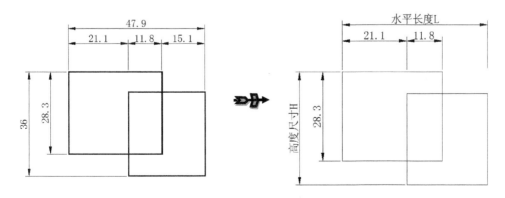

图 5.13　将标注尺寸修改为任意文字

技巧操作

（1）标注尺寸后，对需要替换的尺寸先执行分解功能命令（EXPLORE），将其分解，见图 5.14。

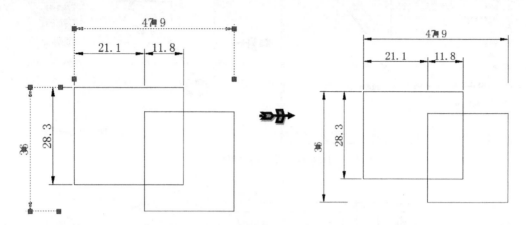

图 5.14 分解要替换的尺寸

（2）执行查找和替换功能命令（FIND）。在弹出的"查找和替换"对话框中，分别输入查找内容"47.9"，替换内容"水平长度 L"。同理，将"36"替换成"高度尺寸 H"。注意此时"替换"按钮是不能使用的，见图 5.15。

图 5.15 "查找和替换"对话框

（3）单击"查找"按钮，然后单击"替换"按钮。注意此时"替换"按钮是才可以使用的，即可完成尺寸与文字替换，见图 5.16。

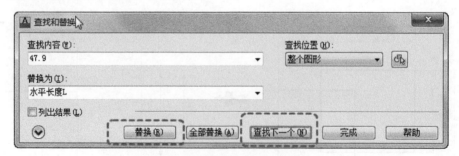

图 5.16 单击"查找下一个"按钮

（4）注意，在"查找和替换"对话框中可以指定替换的范围，单击"查找位置"下拉列表选择相应的查找替换范围即可，见图 5.17。

图 5.17　指定替换的范围

5.5 建筑结构 CAD 图形文字镜像后反转或倒置解决方法 ◀◀◀

技巧内容

在进行 CAD 图形文字镜像时,得到的文字是反转或倒置的,即文字反向的文字,见图 5.18。AutoCAD 控制文字镜像后效果的系统变量为 MIRRTEXT。这主要是镜像的参数系统变量 MIRRTEXT 设置数值引起的。通过修改系统变量 MIRRTEXT 设置数值即可不会反转或倒置。

图 5.18　文字镜像后反转或倒置

技巧操作

(1) CAD 默认情况下,镜像文字、图案填充、属性和属性定义时,它们在镜像图像中不会反转或倒置。文字的对齐和对正方式在镜像对象前后相同。在操作中 CAD 图形文字进行镜像后如果是反转或倒置文字,说明 MIRRTEXT 系统变量设置为"1",需修改为"0",见图 5.19。

命令: MIRRTEXT
输入 MIRRTEXT 的新值 <1>: 0

图 5.19　MIRRTEXT 与文字镜像效果

（2）设置 MIRRTEXT=0 后，再进行文字镜像操作，可以保证文字镜像与原文字一致，见图 5.20。如果确实要反转文字，请将 MIRRTEXT 系统变量设置为"1"。

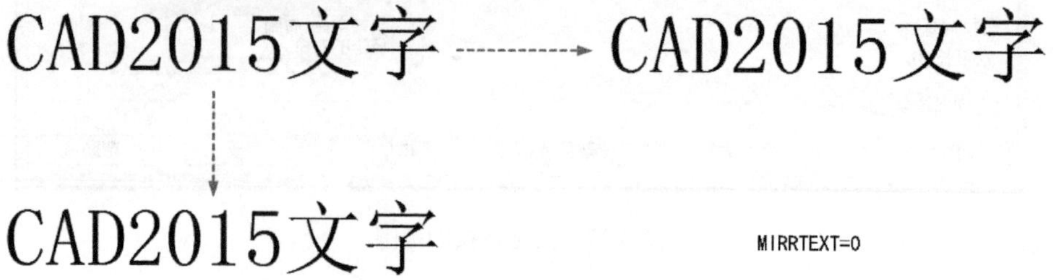

CAD2015文字 ⟶ CAD2015文字

CAD2015文字

MIRRTEXT=0

图 5.20　文字镜像正常效果

5.6　建筑结构 CAD 图形文字乱码处理调整技巧　◄◄◄

技巧内容

在使用 CAD 绘结构施工图时，常常遇到打开图形文件时，图形中的文字部分或全部没有正确显示，而是以"？？？？？"形式显示。这主要是因为 CAD 图形的文字字体发生变化引起的，即当前所使用的 CAD 版本软件缺少图形原使用字体文件，见图 5.21。图形文字乱码情况有几种不同类型，可分别采用相应的处理方法，详见后面操作方法论述。

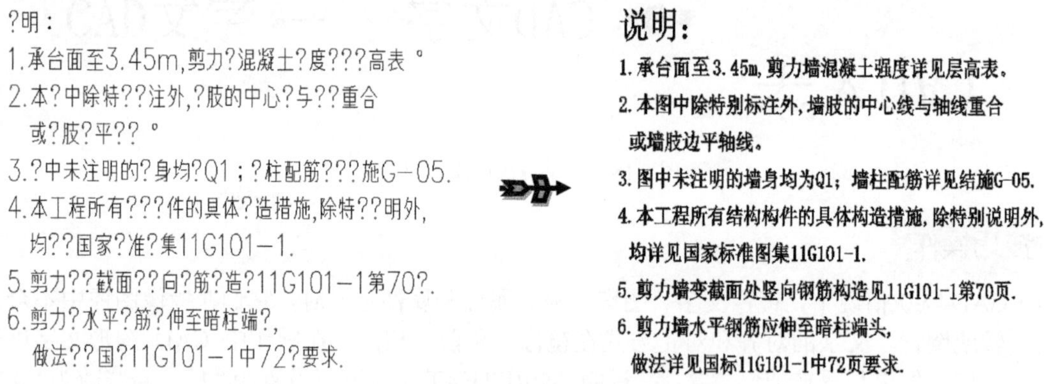

?明：
1.承台面至3.45m,剪力?混凝土?度???高表。
2.本?中除特??注外,?肢的中心?与??重合
　或?肢?平??。
3.?中未注明的?身均?Q1；?柱配筋???施G-05.
4.本工程所有???件的具体?造措施,除特??明外,
　均??国家?准?集11G101-1.
5.剪力??截面??向?筋?造?11G101-1第70?.
6.剪力?水平?筋?伸至暗柱端?,
　做法??国?11G101-1中72?要求.

说明：
1.承台面至3.45m,剪力墙混凝土强度详见层高表.
2.本图中除特别标注外,墙肢的中心线与轴线重合
　或墙肢边平轴线.
3.图中未注明的墙身均为Q1；墙柱配筋详见结施G-05.
4.本工程所有结构构件的具体构造措施,除特别说明外,
　均详见国家标准图集11G101-1.
5.剪力墙变截面处竖向钢筋构造见11G101-1第70页.
6.剪力墙水平钢筋应伸至暗柱端头,
　做法详见国标11G101-1中72页要求.

图 5.21　建筑结构 CAD 文字乱码处理

技巧操作

（1）打开图形文件，发现图形存在文字乱码，以"？？？"显示。这包括有的图形文字部分出现乱码，如文字基本正确，只是部分标点符号（包括各种符号，如《》等）乱码，这些标点符号不能正确显示，仅以"？"显示，见图 5.22。

（2）先查询乱码文字使用的字体样式。选中其中的文字"？？"，单击右键弹出快捷菜单，选择"特性"命令。在弹出的特性窗口文字栏中查询到该文字的正确内容和该文字所使用的字体样式，例如 Sysz，见图 5.23。

3.45~12.45m 剪力?平法施工?　1:100

?明:

1.3.45~12.45m,剪力?混凝土?度???高表。

2.本?中除特??注外,?肢的中心?与??重合
或?肢?平??。

3.?中未注明的?身均?Q1 ;?柱配筋???施G-05.

4.本工程所有???件的具体?造措施,除特??明外,
均??国家?准?集11G101-1.

5.剪力??截面??向?筋?造?11G101-1第70?.

6.剪力?水平?筋?伸至暗柱端?,
做法??国?11G101-1中72?要求.

剪 力 ? 身 表				
? 高	? 厚	水平分布筋	垂直分布筋	拉 筋
3.45~12.45	200	ɑ8@200	b10@200	c6@600X600
3.45~12.45	250	ɑ8@150	b10@150	c6@450X450
3.45~6.45	200	ɑ8@150	b10@200	c6@400X450
6.45~12.45	200	ɑ8@200	b10@200	c6@600X600

图 5.22　文字标点符号乱码

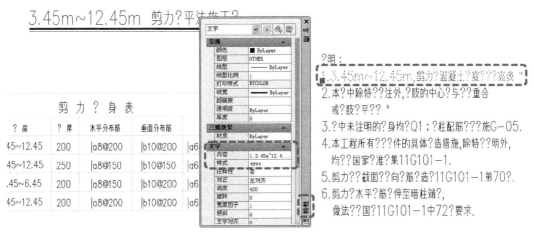

图 5.23　查询乱码文字使用的字体样式

（3）然后，打开"格式"下拉菜单选择"文字样式"选项。在弹出的"文字样式"对话框中
"样式"栏中选中上述查询到的字体样式，例如 Sysz，见图 5.24。

图 5.24　选择查询到的字体样式

（4）在中间"SHX 字体"栏中单击重新选择新的字体，例如"宋体"。然后单击"置为当前"按钮，在弹出的提问对话框中单击"是"按钮，见图 5.25。

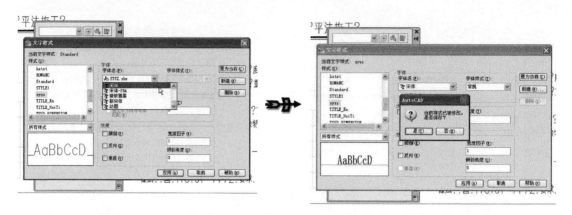

图 5.25　重新选择新的字体

（5）单击完成切换到绘图文字窗口，一会儿后乱码文字将正确显示了，不再以"？？？"形式显示了，见图 5.26。

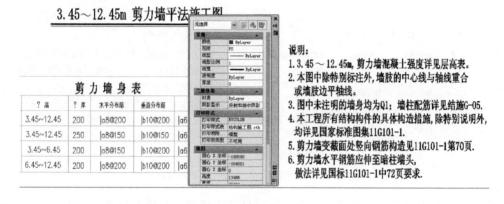

图 5.26　乱码文字正确显示

（6）此外，也可以勾选"SHX 字体"栏下的"使用大字体"复选框。然后在其右侧"大字体"下拉列表中选择一种字体（例如 gbcbig.shx）试一下效果。单击"置为当前"按钮，在弹出的提问对话框中单击"是"按钮，见图 5.27。

图 5.27　使用大字体

5.7 建筑结构 CAD 图形中多个文字或字符快速替换技巧　<<<

技巧内容

　　在实际工程画图中，可能需要将图形中多个相同文字或字符以新的文字或字符同时替换，利用查找功能命令（FIND）可以快速实现。例如，将图中名称"P"全部替换为"ZJ"，见图 5.28。

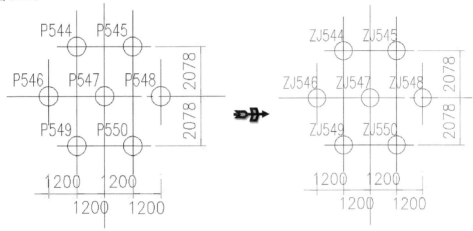

图 5.28　多个文字或字符快速替换

技巧操作

（1）执行查找和替换功能命令（FIND）。在弹出的"查找和替换"对话框中，分别输入查找内容（原文字或字符"P"），替换内容（新文字或字符"ZJ"），注意查找位置是"整个图形"，见图 5.29。

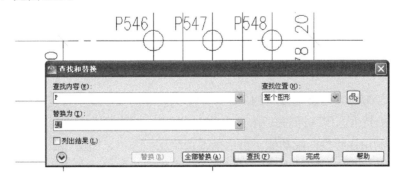

图 5.29　输入查找替换内容

（2）先单击"查找"按钮，然后单击"全部替换"按钮即可完成整个相同文字字符替换，其他多个各种文字或字符替换方法与此类似，见图 5.30。

（3）单击"确定"及"完成"按钮，图中的"P"已经全部替换为"ZJ"，见图 5.31。

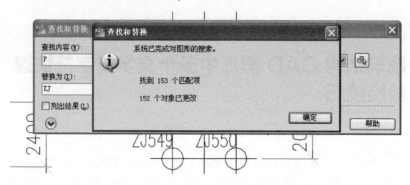

图 5.30　完成整个相同文字字符替换

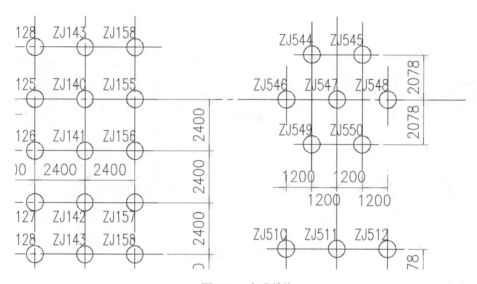

图 5.31　完成替换

5.8 建筑结构 CAD 图形中多个文字或字符高度快速调整一致技巧 ≪≪≪

技巧内容

　　在实际图形绘制中，可能需要将图形中多个不同高度的文字或字符调整为相同的高度，利用 CAD 提供的特性匹配（即格式刷，MATCHPROP）功能可以快速实现，见图 5.32。除了文字高度外，利用该特性匹配功能，可以修改调整包括颜色、图层、线型、线型比例、线宽、打印样式和其他指定的特性在内的图形性质，操作方法类似，在此从略。

技巧操作

（1）执行图层（LAYER）功能命令，在弹出的对话框中，单击右侧框内，使用快捷键 Ctrl+A 选中全部图层。在绘制图形时，注意按图形类型和关联性设置相应的图层（LAYER）进行绘制，例如将所有图名说明文字设置放在"文字"图层中，见图 5.33。

图 5.32 多个不同高度的文字或字符调整为相同的高度及方向

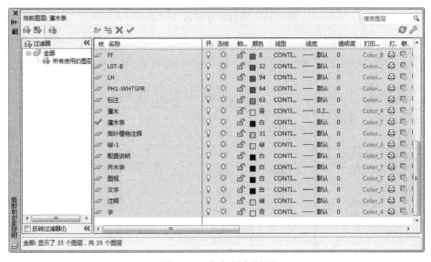

图 5.33 选中所有图层

（2）单击锁型图标将所有图层锁定。再单击栏内任意无文字处，取消选中状态，然后单击要调整高度的文字所在图层"文字"的锁型图标，将其解锁，见图 5.34。

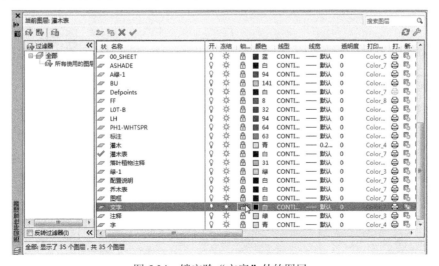

图 5.34 锁定除"文字"外的图层

（3）切换回画图窗口中，选中其中一个文字。利用特性功能设置修改为合适的高度，作为调整高度的基准文字或字符，见图 5.35。

图 5.35　调整一个标准文字高度

（4）执行特性匹配（MATCHPROP）功能命令，选择前一步调整后的文字作为基准文字，然后使用窗口选择所有图形及文字内容，单击确定位置范围，见图 5.36。

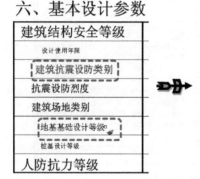

图 5.36　先选择基准文字后选择所有图形文字

（5）单击确定后，文字图层的文字均调整完成为与基准高度一样的高度大小，然后移动调整各个文字位置即可，见图 5.37。

图 5.37　文字字符高度调整完成

5.9　建筑结构图形面积和周长 CAD 快速计算技巧

技巧内容

在实际工作中，常常需要计算一些图形或范围的面积和周长。除了人工计算外，可以利用 CAD 软件对 dwg 图形文件中有关图形的面积及周长进行快速计算，见图 5.38。计算面积的方法有多种，在此介绍常见的几种有效面积计算方法。

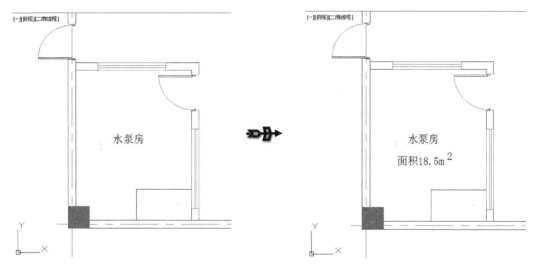

图 5.38　CAD 计算图形面积

技巧操作

（1）使用 AREA 功能命令

计算对象或所定义区域的面积和周长，可以使用 AREA 命令。操作步骤是选择"工具"下拉菜单→"查询"→"面积"命令。

命令：AREA

指定第一个角点或［对象(O)/增加面积(A)/减少面积(S)］＜对象(O)＞：

选择对象：

区域 = 15860.5147，周长 = 570.0757

其中各个选项功能和作用如下。

①"对象"选项。

可以计算选定对象的面积和周长，计算圆、椭圆、样条曲线、多段线、多边形、面域和三维实体的面积。如果选择开放的多段线，将假设从最后一点到第一点绘制了一条直线，然后计算所围区域中的面积。计算周长时，将忽略该直线的长度；计算面积和周长时将使用宽多段线的中心线。

②"增加面积"选项。

打开"加"模式后，继续定义新区域时应保持总面积平衡。可以使用"增加面积"选项计算各个定义区域和对象的面积、周长，以及所有定义区域和对象的总面积。也可以进行选择以指定点，将显示第一个指定的点与光标之间的橡皮线。要加上的面积以绿色亮显，如图 5.39（a）所示。按 Enter 键，AREA 将计算面积和周长，并返回打开"加"模式后通过选择点或对象定义的所有区域的总面积。如果不闭合这个多边形，将假设从最后一点到第一点绘制了一条直线，然后计算所围区域中的面积。计算周长时，该直线的长度也会计算在内。

③ "减少面积"选项。

与"增加面积"选项类似，但减少面积和周长。可以使用"减少面积"选项从总面积中减去指定面积。也可以通过点指定要减去的区域。将显示第一个指定的点与光标之间的橡皮线。指定要减去的面积以绿色亮显，如图 5.39（b）所示。

计算由指定点所定义的面积和周长。所有点必须都在与当前用户坐标系 (UCS) 的 XY 平面平行的平面上。将显示第一个指定的点与光标之间的橡皮线。指定第二个点后，将显示具有绿色填充的直线段和多段线。继续指定点以定义多边形，然后按 Enter 键完成周长定义。如果不闭合这个多边形，将假设从最后一点到第一点绘制了一条直线，然后计算所围区域中的面积。计算周长时，该直线的长度也会计算在内。

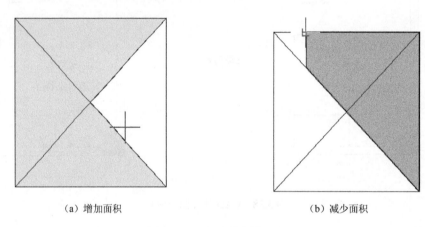

(a) 增加面积　　　　　　　　　　　(b) 减少面积

图 5.39　面积计算方法示意

（2）使用 PLINE 和 LIST 命令计算面积

① 可使用 PLINE 命令创建闭合多段线，然后选择闭合图形使用 LIST 或"特性"选项板来查找面积，按 F2 键可以看到面积等提示。具体操作是沿着图形的边界，使用 PLINE 功能命令重新勾画一封闭轮廓线，在结束时输入"C"闭合所绘制的图形，见图 5.40。

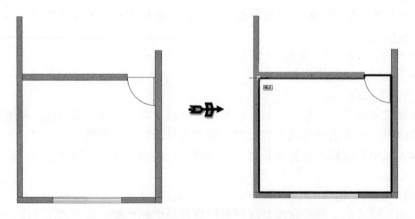

图 5.40　沿着图形的边界勾画封闭轮廓线

② 然后执行 LIST 功能命令选择该图形后回车，最后即可按 F2 键在弹出的文本窗口中查看该图形的面积、周长等数据。注意一点，文本窗口中所列的面积数据大小单位是毫米（mm），因此要换算成平方米，用该数值除以 10^6 即可，如图 5.41 所示。

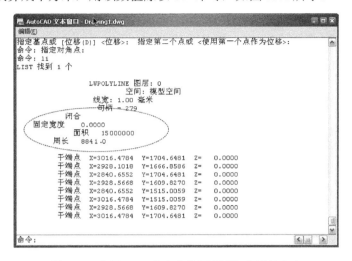

图 5.41　使用 LIST 命令查询图形面积和周长大小

（3）使用 BOUNDARY 和 LIST 命令计算面积

使用 BOUNDARY 从封闭区域创建生成该封闭区域的面域或多段线，然后使用 LIST 命令选择该面域或多段线，按 F2 键在弹出的文本窗口中可以看到面积、周长等大小提示。

① 具体操作时执行 BOUNDARY 功能命令后，弹出"边界创建"对话框，单击"拾取点"按钮后单击要计算面积的封闭区域即可创建生成该封闭区域的面域或多段线，见图 5.42。

命令:BOUNDARY

拾取内部点:　正在选择所有对象...

正在选择所有可见对象...

正在分析所选数据...

正在分析内部孤岛...

拾取内部点:

BOUNDARY 已创建 1 个多段线

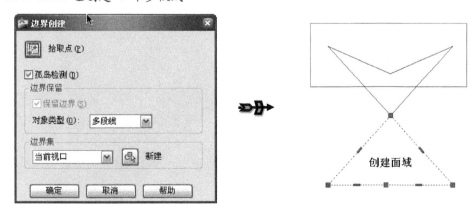

图 5.42　使用 BOUNDARY 计算面积

② 然后使用 LIST 命令选择该面域或多段线，按 F2 键在弹出的文本窗口中可以看到面

积、周长等大小提示，如图 5.43 所示。此种方法操作不灵活，使用范围有限。

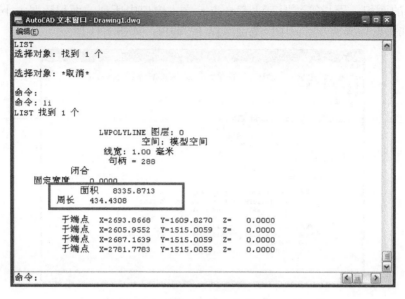

图 5.43 使用 LIST 命令查看面积大小

5.10 带弧线的建筑结构图形面积和周长 CAD 快速计算技巧 ＜＜＜＜

技巧内容

在实际工作中，常常需要计算一些带弧线的图形或范围的面积和周长，见图 5.44。利用 CAD 计算此类型图形的面积及周长需要一定的技巧。此处介绍使用 PLINE、PEDIT、LIST 及 ARC 等功能命令计算带弧线的图形或范围的面积和周长方法。提示一点，若有的线段不能使用 PEDIT 命令了解，可以使用 PLINE、ARC 功能命令按原有路径描绘相同的图形，然后即可连接。

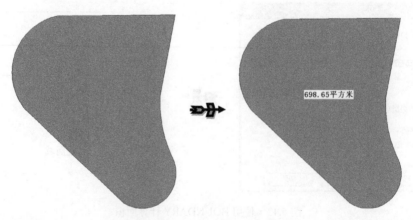

图 5.44 CAD 计算带弧线的图形面积

技巧操作

（1）使用 PEDIT 功能命令将直线段与弧线段首尾连接为一体，见图 5.45。

（2）然后使用 LIST 功能命令选择该图形即可得到面积、周长的数据。按 F2 键弹出 "AutoCAD 文本窗口" 即可查看，见图 5.46。

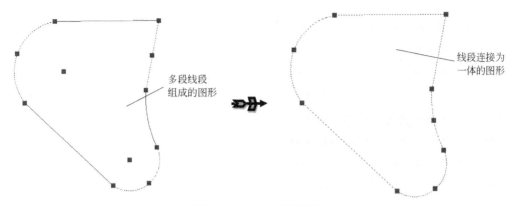

图 5.45　PEDIT 连接线段

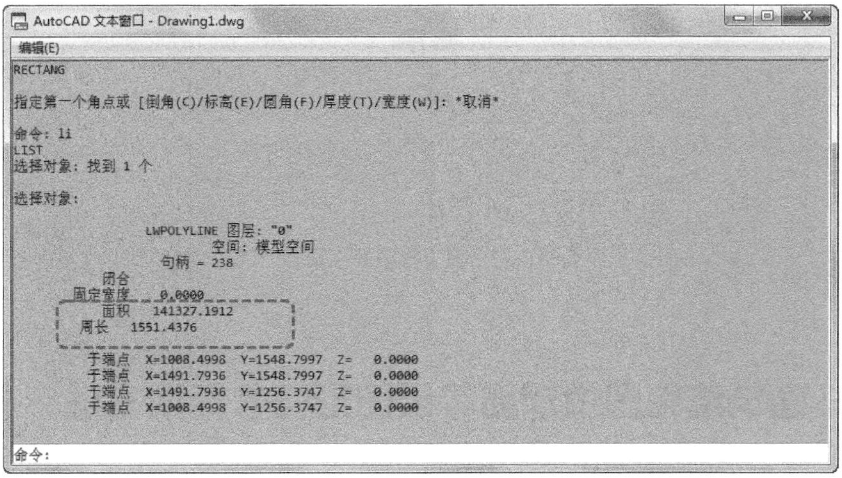

图 5.46　LIST 查询面积数据

（3）注意的是，使用 PEDIT 命令需要直线段、弧线段首尾端点完全重合一致，见图 5.47。

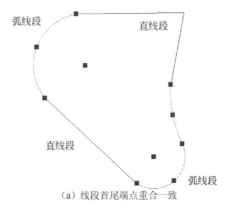

（a）线段首尾端点重合一致

图 5.47

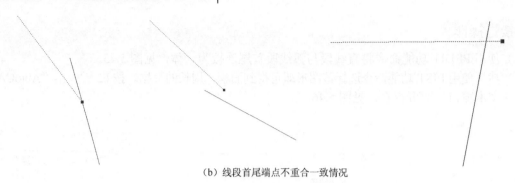

（b）线段首尾端点不重合一致情况

图 5.47　线段首尾端点位置要求

（4）对直线段、弧线段首尾端点不完全重合的图形，单击其中一个端点，利用夹点功能移动使其与另外线段的端点重合一致，然后按上述方法计算即可，见图 5.48。

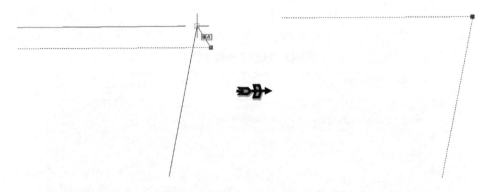

图 5.48　利用夹点移动端点重合一致

5.11 建筑结构图中钢筋等级图形符号标注方法 《《《

技巧内容

　　在工程施工中，按照国家相关规范规定，常用的是热轧钢筋，分为热轧带肋钢筋和热轧光圆钢筋。热轧光圆钢筋按屈服强度特征值分为 235 级、300 级，分别以 HPB235、HPB300进行标识表示。热轧带肋钢筋按屈服强度特征值分为 335 级、400 级、500 级，分别以 HRB335、HRB400 和 HRB500 进行标识表示。而在 CAD 绘图中，工程所使用的钢筋标注不使用前述的数字和字母形式，而是采用特殊的钢筋等级符号来标注识别。通常所说的 I 级钢筋、III 级钢筋、IV 级钢筋等分别以如图 5.49 所示的符号表示。

| I 级钢筋 | II 级钢筋 | III 级钢筋 | IV 级钢筋 | 其他钢筋 |

图 5.49　常见钢筋等级图形符号

　　钢筋混凝土施工图中钢筋的标注，一般采用引出线的方法，具体有以下两种标注方法。

（1）标注钢筋的根数、直径和等级，例如"3Φ20"、"5Φ16"。其中：

　　　3、5：表示钢筋安装根数；

　　　φ、Φ：表示钢筋等级符号；

　　　20、16：表示钢筋直径大小，mm。

（2）标注钢筋的等级、直径和相邻钢筋中心间距，例如"Φ8@200"、"Φ16@150"。其中：

　　　φ、Φ：表示钢筋等级符号；

　　　8、16：表示钢筋直径大小，mm；

　　　@：表示相等中心距符号；

　　　200、150：表示相邻钢筋的中心间距大小（钢筋间距≤200mm、150mm）。

　　CAD 绘图软件系统本身并没有提供直接生成上述符号的功能命令。如何在 CAD 图中标注上述钢筋等级符号，将在下面操作方法中详细介绍其标注方法和技巧。

技巧操作

（1）绘制上述钢筋符号有两种方法，方法之一是直接使用 CAD 进行钢筋符号造型绘制，然后将其分别保存为符号图块，在标注时插入符号图块即可，见图 5.50。使用命令包括 CIRCLE、LINE、MOVE、COPY、TRIM、MIRROR、BLOCK 等。这种方法尽管简单，但使用起来不是很便利，适合少量钢筋标注时使用。

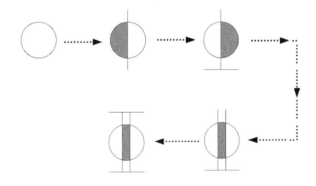

图 5.50　绘制钢筋等级符号图块

（2）另外的方法是使用 CAD 钢筋符号专用字体文件（可以通过购买或网络下载相关的专用字体文件，常见的包括 Hts.shx、Hzfs.shx、Tssdeng.shx、Hztxtb.shx、SMFS.SHX 等）。具体方法是把 CAD 钢筋符号专用字体文件复制到 CAD 的安装目录的字体库 Fonts 文件夹内，见图 5.51。

　　此外，为便于学习提高 CAD 绘图技能，本节绘制 CAD 钢筋符号专用字体文件名称如图 5.51 中所列，读者连接互联网后可以搜索相关资源或本章首页提供的地址下载，字体文件仅供学习 CAD 参考。

（3）重新启动 CAD 软件，打开"格式"下拉菜单选择"文字样式"选项。在左下角单击选择"正在使用的样式"选项，见图 5.52。

（4）在"文字样式"对话框中"字体"栏选择专用字体（例如 Tssdeng.shx）。然后在右上角单击"置为当前"按钮，在弹出的对话框中单击"是"按钮。最后单击"应用"按钮完成即可，见图 5.53。

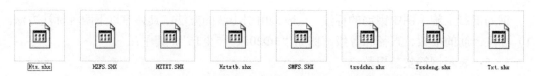

（a）常用的钢筋专用参考字体

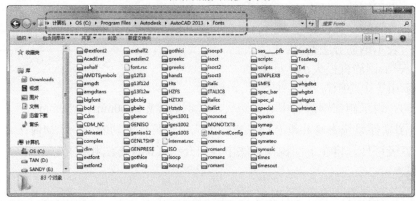

（b）Fonts 文件夹

图 5.51 复制专用字体到 Fonts 文件夹中

图 5.52 "文字样式"对话框

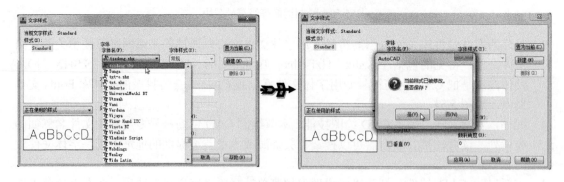

图 5.53 选择专用字体

（5）切换回绘图窗口，在 CAD 绘图时使用"TXET"功能命令（不用 MTEXT），输入如下文字相应的符号（例如 II 级输入"%%131"），并选择 CAD 钢筋符号专用字体文件即可得到相应钢筋符号，见图 5.54。

命令：TEXT

当前文字样式：　"Standard"　文字高度：　10.0000　注释性：　否

指定文字的起点或 [对正(J)/样式(S)]：

指定高度 <10.0000>：300

指定文字的旋转角度 <0>：0

在屏幕上输入文字内容和对应钢筋符号如下。

① %%130：一级钢筋符号Φ（也可以输入%%C）。

② %%131：二级钢筋符号Φ。

③ %%132：三级钢筋符号Φ。

④ %%133：四级钢筋符号Φ。

⑤ %%134：其他特殊钢筋符号Φ。

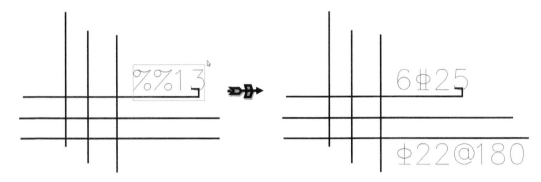

图 5.54　使用专用字体标注钢筋等级符号

第 6 章

建筑结构CAD图形打印与转换技巧快速提高

建筑结构各种 CAD 图形绘制完成后，需要打印输出，即打印成图纸以供使用。此外，建筑结构 CAD 图形还可以输出为其他格式的电子数据文件（如 PDF 格式文件、JPG 和 BMP 格式图像文件等），供 Word、PPT 等文档使用，方便图纸交流，实现建筑结构 CAD 图形与 Word、PPT 等文档互通共享（注：文中讲解的 Word 版本为 2010 版本，其他版本是一样的）。

6.1 建筑结构 CAD 图形打印快速提高

技巧内容

建筑结构 CAD 图纸打印是指利用打印机或绘图仪，将图形打印到图纸上。一般情况下是在模型空间（MODEL）绘制完成图纸，然后可以在模型空间或图纸空间（即布局，LAYOUT）进行打印输出。在模型空间的打印方法可以参考《建筑结构 CAD 绘图快速入门》一书中的详细论述。在这里主要介绍在 AutoCAD 图纸空间（即布局，LAYOUT）中进行图形打印的方法，见图 6.1。

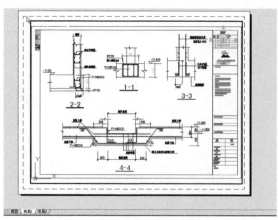

图 6.1　CAD 图形图纸空间（布局）打印

技巧操作

（1）首先绘制图幅图框。按设计单位的 LOGO 等要求绘制图框。结构图纸的图纸幅面和图框
尺寸，即图纸图面的大小，按国家相关规范规定，分为 A4、A3、A2、A1 和 A0。常见
的图框图幅大小见表 6.1，图框见图 6.2。图框绘制时可以按 1∶1 或其他比例绘制，根据
绘图比例确定。按要求完成图框绘制，单独保存为图框图形文件，例如"A2 图框.dwg"。
限于篇幅，图框具体绘制过程在此从略。

表 6.1　常见图纸幅面和图框尺寸　　　　　　　　　　　　　　　　单位：mm

幅面代号 尺寸代号	A4	A3	A2	A1	A0
$b \times l$	210×297	297×420	420×594	594×841	841×1189
c	5	5	10	10	10
a	25	25	25	25	25

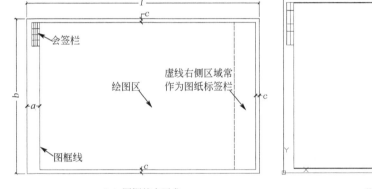

（a）图框基本要求　　　　　　　　　　　　　（b）A2 图框实例

图 6.2　绘制图框

（2）图框画好以后，要把它固定在一个位置上，即图框的左下角要定位在 UCS 坐标的原点"o
（0,0,0）"上。方法是选择整个图框图形，以图框的左下角作为移动基点，移动位置则输
入坐标数值（0,0,0），见图 6.3。

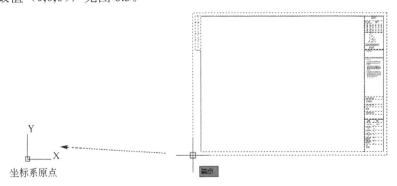

图 6.3　A2 图框图形位置定位

命令： MOVE
选择对象：指定对角点：找到 37 个

选择对象：

指定基点或 [位移(D)] <位移>：

指定第二个点或 <使用第一个点作为位移>： 0,0,0

（3）图框的左下角要定位在与 UCS 坐标的原点一致，见图 6.4。

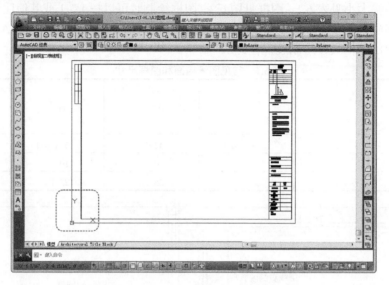

图 6.4　图框的左下角在 UCS 坐标原点

（4）最后，要把图框放到合适的位置，以方便今后使用时随时调用。图框图形文件保存位置
如图 6.5 所示文件夹。文件夹常见路径为 C:\Users\T-H\AppData\Local\Autodesk\AutoCAD
2013 - Simplified Chinese\R19.0\chs\Template，各个 CAD 版本软件基本类似。其中的"T-H"
为个人电脑的名称，因人而异。

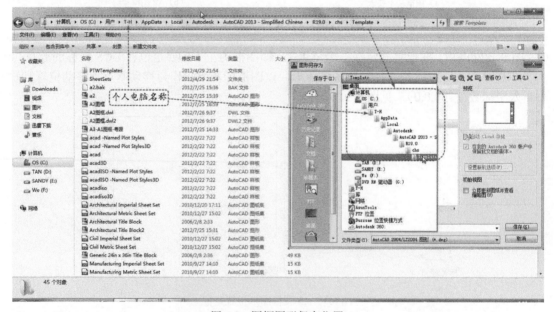

图 6.5　图框图形保存位置

（5）在 CAD 的"模型"空间界面里绘制完成结构中的各种图形，图形绘制都以 1∶1 的比例

来画，不用算比例画（某些节点、局部放大除外）。例如，以毫米 mm 为单位，1m 绘制 1000 个单位即可，见图 6.6。

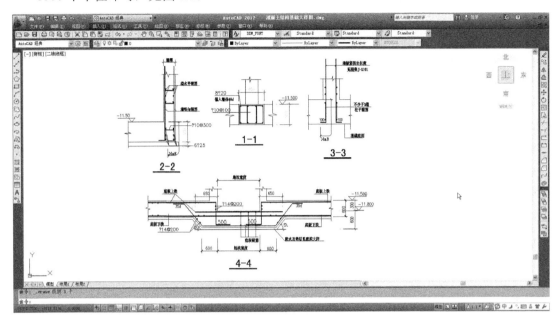

图 6.6　模型空间绘制完成建筑结构图形

（6）单击"插入"下拉菜单，然后单击选中"布局"中的"创建布局向导"命令，在弹出的"创建布局"对话框中的文本框中输入新布局名称，如不输入使用默认的布局名称也可以，单击"下一步"按钮，见图 6.7。

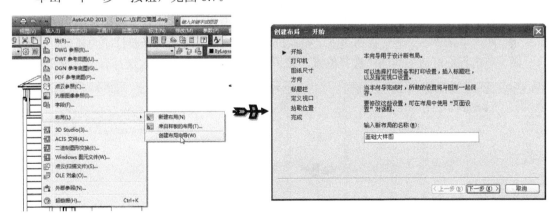

图 6.7　执行创建新布局

（7）选择个人电脑系统安装的打印机后，单击"下一步"按钮。再选择"图纸尺寸"，就是要打印的图纸的大小，单击 "下一步"按钮，见图 6.8。

（8）选择要打印的图纸的方向，可以选择"纵向"，也可以选择"横向"，根据要打印的图纸方向来选择。单击"下一步"按钮选择标题栏。标题栏就是要打印的图框。前面绘制保存的件夹中的 A2 图框，也在列表中显示了，说明可以用自制的图框。选择了需要使用的图框后，单击"下一步"按钮，见图 6.9。

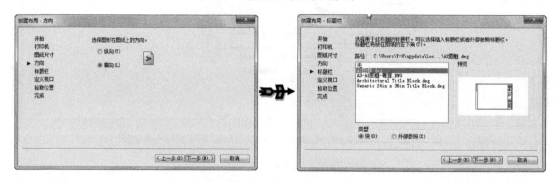

图 6.8　选择打印机和图纸大小

图 6.9　选择图纸方向和图框

（9）进入"定义视口"对话框，就是要打印的视口框范围。一般是打印一个视口，因此，本选项的默认"视口设置"就是"单个"。"视口比例"就是要打印的图形以什么比例出图，可以在此设置，如 1∶50、1∶100 等。也可以先不设置，就按默认"按图纸空间缩放"设定。然后单击"下一步"按钮进入"拾取位置"对话框。就是选择要打印的视口框位置范围。单击界面右边中间的"选择位置"按钮，就进入视口框的指定选择界面，见图 6.10。

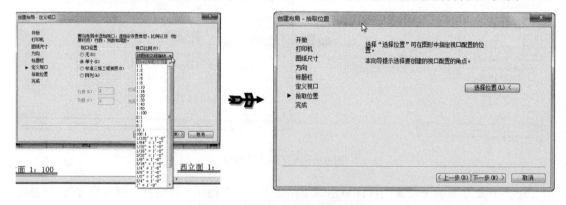

图 6.10　设置视口比例和选择位置

（10）操作界面切换转到了布局，而且布局里已经显示出刚才选择指定的图框图形。图中的视口框即显示为小的虚线，且 4 个角上有可供编辑的夹点，见图 6.11。

（11）在窗口中单击指定视口框范围轮廓位置。由于视口框指定了以后，打印出来的图纸是可以看到视口框的框线的，因此，可以利用图框上应该显示的框线和视口框二者重叠，使得打印出图后，只看到图框线而看不到视口线，最后单击"完成"按钮，见图 6.12。

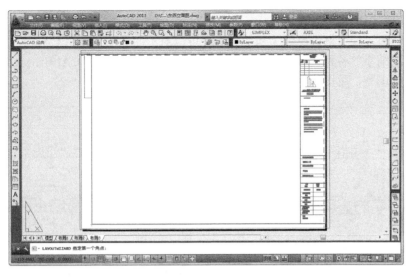

图 6.11　操作界面切换转到了布局视口框

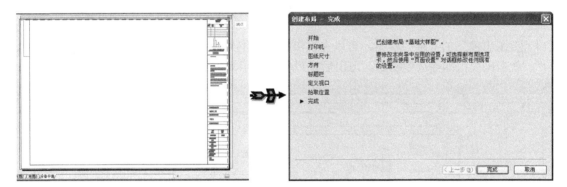

图 6.12　指定视口框位置

（12）将操作界面切换到"基础大样图"布局状态，见图 6.13。

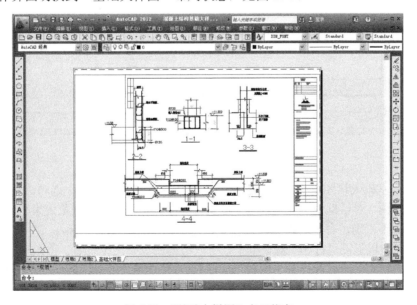

图 6.13　"基础大样图"布局状态

（13）进行视口中图形显示效果调整。在视口框的内部任何位置快速双击，使视口呈现被选中状态，这时，视口框的框线为粗黑线，就可以对里面的图形使用 CAD 各种功能命令进行放大或缩小等各种调整。大小、位置等不合适还可以使用 SCALE、MOVE 等命令对图框进行调整，见图 6.14。

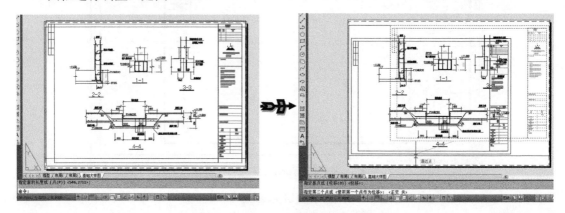

图 6.14　调整视口中图形显示效果

（14）要退出视口的被选中状态，可以在视口框的范围外任意位置双击，视口框的框线还原，就退出视口的被选中状态。退出后视口轮廓显示为细线，见图 6.15。

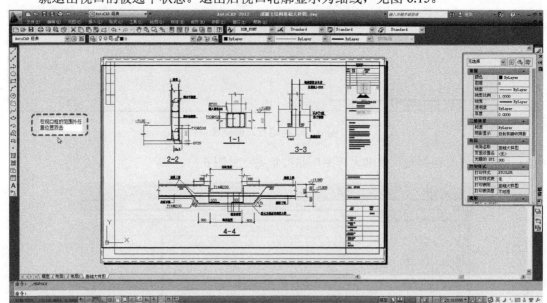

图 6.15　退出视口的被选中状态

（15）在布局"基础大样图"处单击右键，弹出快捷菜单选择"打印"选项。然后在"打印-基础大样图"对话框中单击"预览"按钮，预览打印效果。若预览效果不好，如布局中图框位置不正确，有偏移现象，则需要调整图框位置，见图 6.16。

（16）可以按 Esc 键返回"打印"对话框中，再取消返回调整图框位置。单击视口框外侧退出视口选中状态。然后选择整个图框。执行 MOVE 功能命令，将图框移动到合适的位置，见图 6.17。

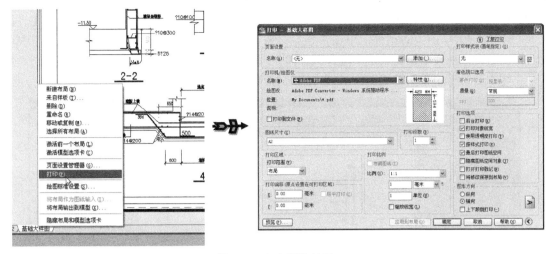

图 6.16　打印预览效果

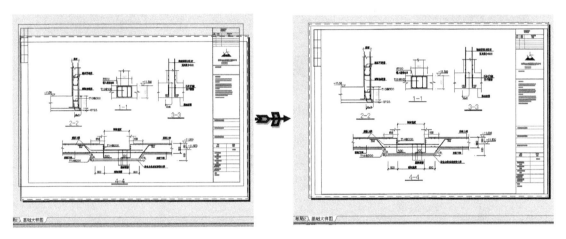

图 6.17　移动图框位置

（17）同时可以单击视口框轮廓线，利用夹点功能调整其大小范围，见图 6.18。

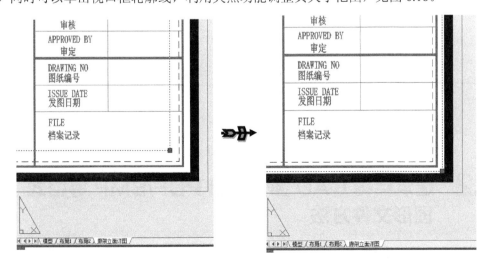

图 6.18　利用夹点功能调整视口框范围

（18）在布局"基础大样图"处单击右键，在弹出快捷菜单中选择"打印"选项。然后在"打印-基础大样图"对话框中单击"预览"按钮，再次预览打印效果。最后在预览图中单击右键，在弹出快捷菜单中选择"打印"命令即可打印输出。也可以按 Esc 键返回"打印"对话框中单击"确定"按钮即可进行打印，见图 6.19。

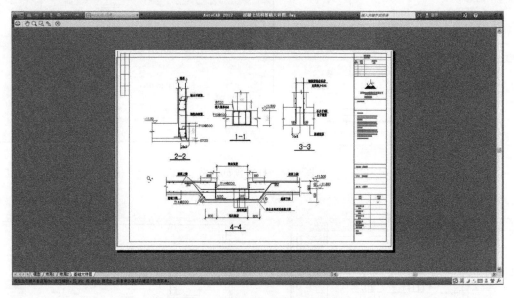

图 6.19 调整图框后预览打印效果

（19）如要调整打印出图比例，可以打开"视口"工具栏，以在"视口"工具条中的下拉框中选择设置打印比例。也可以在布局"基础大样图"处单击右键，在弹出的快捷菜单中选择"打印"选项。然后在"打印-基础大样图"对话框中单击设置打印比例，见图 6.20。

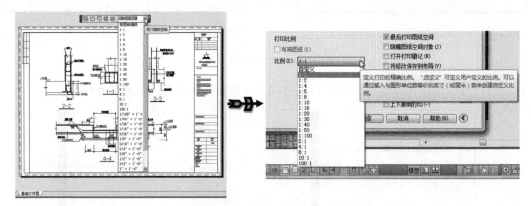

图 6.20 调整打印比例

6.2 建筑结构 CAD 图形输出 PDF/BMP 等格式图形文件方法

本节主要介绍将建筑结构 CAD 图形输出为其他格式电子数据文件（如 PDF 格式文件、JPG 和 BMP 格式图像文件等）的技巧与方法。此种 CAD 图形打印输出技巧方法在实际工作中比较实用，方便图纸交流，对不会使用 CAD 软件的人员特别有效适用。

6.2.1　建筑结构 CAD 图形输出为 PDF 格式图形文件

技巧内容

　　PDF 格式数据文件是指 Adobe 便携文档格式（Portable Document Format，PDF）文件。PDF 是进行电子信息交换的标准，可以轻松分发 PDF 文件，以在 Adobe Reader 软件（注：Adobe Reader 软件可从 Adobe 网站免费下载获取）中查看和打印。此外，使用 PDF 文件的图形，不需安装 AutoCAD 软件，就可以与任何人共享图形数据信息，浏览图形数据文件，见图 6.21。

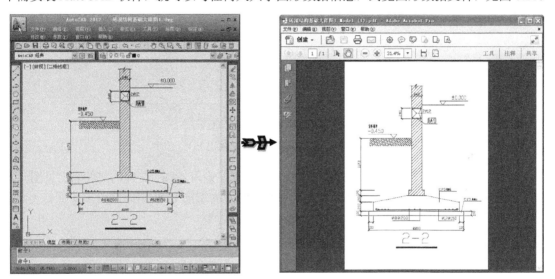

图 6.21　dwg 格式输出 PDF 格式图形文件

技巧操作

　　输出图形数据 PDF 格式文件方法如下。

（1）在命令提示下，输入"plot"启动打印功能。

（2）在"打印"对话框的"打印机／绘图仪"下的"名称"框中，从"名称"列表中选择 DWG to PDF.pc3 配置。可以通过指定分辨率来自定义 PDF 输出。在绘图仪配置编辑器中的"自定义特性"对话框中，可以指定矢量和光栅图像的分辨率，分辨率的范围从 150dpi 到 4800dpi（最大分辨率），如图 6.22 所示。

（3）也可以选择 Adobe PDF 进行打印输出为 PDF 图形文件，操作方法类似 DWG to PDF.pc3 方式（注：使用此种方法需要安装软件 Adobe Acrobat）。

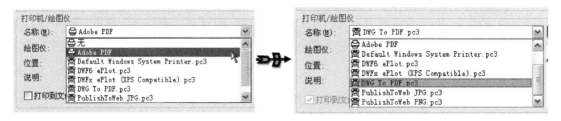

图 6.22　选择 DWG to PDF.pc3 或 Adobe PDF

（4）根据需要为 PDF 文件选择打印设置，包括图纸尺寸、比例等，如需要的图纸分辨率高，使用大图幅（如 A1、A0 以上）打印即可。然后单击"确定"按钮。

（5）打印区域通过"窗口"选择图形输出范围，见图 6.23。

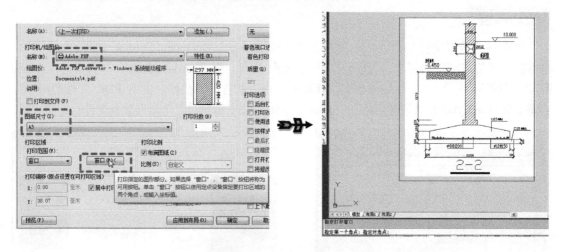

图 6.23　通过窗口选择图形打印输出 PDF 范围

（6）在"另存 PDF 文件为"对话框中，选择一个位置并输入 PDF 文件的文件名，见图 6.24 所示。最后单击"保存"按钮，即可得到*.PDF 为后缀的 PDF 格式的图形文件。

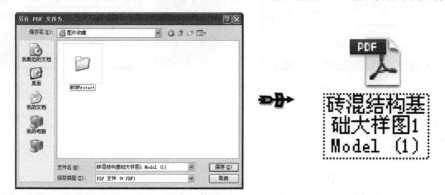

图 6.24　输出 PDF 图形文件

6.2.2　建筑结构 CAD 图形输出为 JPG／BMP 格式图形文件

技巧内容

AutoCAD 可以将图形以非系统光栅驱动程序支持若干光栅文件格式（包括 Windows BMP、CALS、TIFF、PNG、TGA、PCX 和 JPEG）输出，其中最为常用的是 BMP 和 JPG 格式光栅文件。创建光栅文件需确保已为光栅文件输出配置了绘图仪驱动程序，即在"打印机／绘图仪"一栏内显示相应的名称（例如系统配置有 PublishToweb JPG.pc3），见图 6.25。

技巧操作

将 CAD 图形分别输出为 JPG 和 BMP 格式图形文件。

（1）输出 JPG 格式光栅文件

① 在命令提示下，输入"PLOT"启动打印功能。

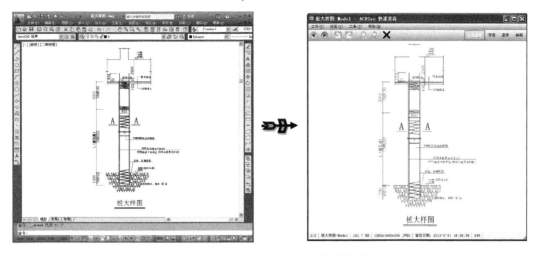

图 6.25　dwg 格式输出 JPG/BMP 格式图形文件

② 在"打印"对话框的"打印机／绘图仪"下，在"名称"框中，从列表中选择光栅格式配置绘图仪为 PublishToWeb JPG.pc3，如图 6.26 所示。

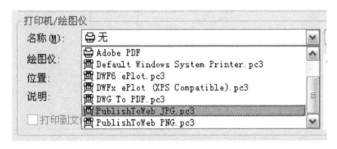

图 6.26　选择 JPG 打印结构

③ 根据需要为光栅文件选择打印设置，包括图纸尺寸、比例等，具体设置操作参见 6.1 节所述。然后单击"确定"按钮。系统可能会弹出"绘图仪配置不支持当前布局的图纸尺寸"之类的提示，此时可以选择其中任一个进行打印。例如，选择"使用自定义图纸尺寸并将其添加到绘图仪配置"，然后可以在图纸尺寸列表中选择合适的尺寸，见图 6.27。

图 6.27　自定义图纸尺寸

④ 打印区域通过"窗口"选择出 JPG 格式文件的图形范围，见图 6.28。

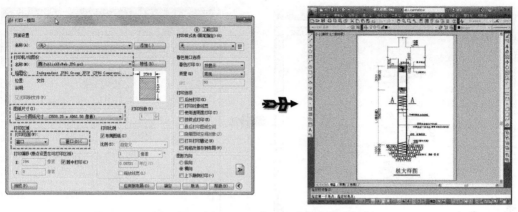

图 6.28　选择出 JPG 格式文件的图形范围

⑤ 在"浏览打印文件"对话框中，选择一个位置并输入光栅文件的文件名，然后单击"保存"按钮，见图 6.29。

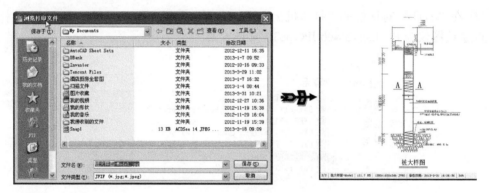

图 6.29　输出 JPG 格式图形文件

（2）输出 BMP 格式光栅文件

① 打开"文件"下拉菜单，选择"输出"命令选项，如图 6.30 所示。

② 在"输出数据"对话框中，选择一个位置并输入光栅文件的文件名，然后在"文件类型"中选择"位图（*.bmp）"，接着单击"保存"按钮，见图 6.31。

图 6.30　选择"输出"

图 6.31　选择 bmp 格式类型

③ 然后返回图形窗口，选择输出为 bmp 格式数据文件的图形范围，最后回车即可，如图 6.32 所示。

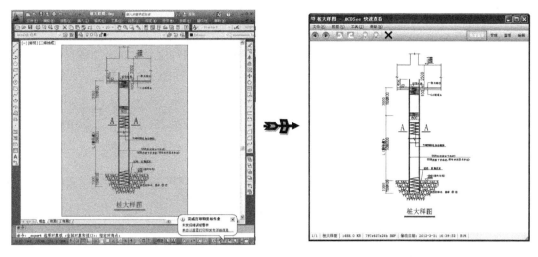

图 6.32 选择输出图形范围得到 BMP 文件

6.3 建筑结构 CAD 图形应用到 Word 文档方法 ◀◀◀◀

本节将介绍如何将 CAD 图形应用到 Word 文档中，轻松实现 CAD 图形的文档应用功能。应用到 PPT 等文档的方法与此类似，具体操作过程限于篇幅，在此从略。

6.3.1 建筑结构 CAD 图通过输出 JPG/BMP 格式文件应用到 Word 中

技巧内容

JPG/BMP 图像格式的文件，是使用得最为灵活的方式之一。能够在大部分软件环境下使用。因此，通过复制无疑可以快速将图形文件粘贴到 Word 文档中使用。通过 CAD 图形转换得到的图片在插入 Word 文档后能够任意裁剪和旋转，单击右键在快捷菜单中选择"设置对象格式"命令还可以旋转图像，见图 6.33。

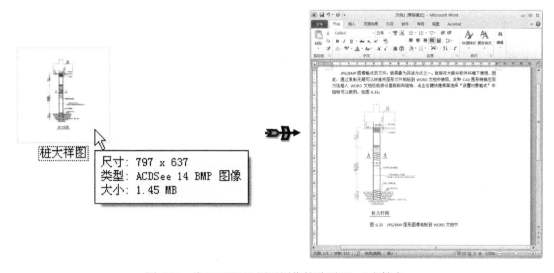

图 6.33 将 JPG/BMP 图形图像粘贴到 Word 文档中

技巧操作

（1）按照本章前述方法将 CAD 绘制的图形输出为 jpg 格式图片文件，输出的图形图片文件保存在电脑某个目录下，本案例输出的图形名称为"桩大样图-Model.jpg"，见图 6.34。

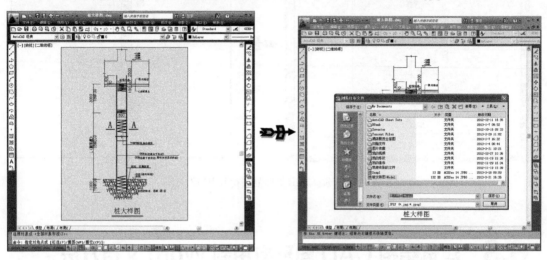

图 6.34　输出 JPG 格式图形图片文件

（2）在电脑中找到"桩大样图-Model.jpg"文件，单击选中，然后单击右键弹出快捷菜单，在快捷菜单中选择"复制"命令，将图形复制到 Windows 系统剪贴板中，见图 6.35。

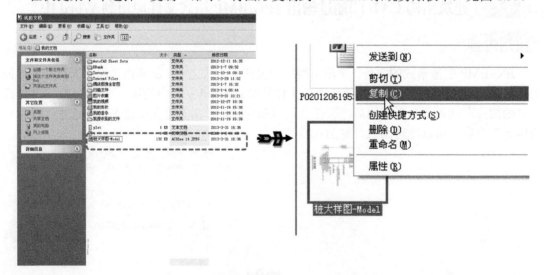

图 6.35　复制 JPG 图形图片文件

（3）切换到 Word 文档中，在需要插入图形的地方单击右键选择快捷菜单中的"粘贴"命令；或按 Ctrl+V 键，将剪贴板上的 jpg 格式图形图片复制到 Word 文档中光标位置。若插入的图片比较大，需要调整其大小适合以 Word 窗口使用，见图 6.36。

（4）利用 Word 文档中的图形工具的"裁剪"进行调整，或利用设置对象格式进行调整，使其符合使用要求，见图 6.37。bmp 格式的图形图片文件的应用方法与此相同。限于篇幅，bmp 格式图片的具体操作过程在此从略。

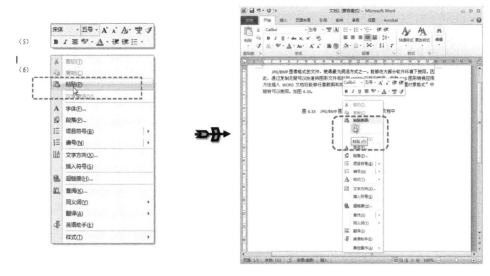

图 6.36　粘贴图形图片文件到 Word 文档中

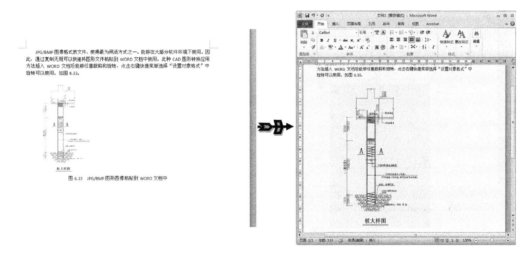

图 6.37　调整 JPG 图片大小

6.3.2　建筑结构 CAD 图通过输出 PDF 格式文件应用到 Word 中

技巧内容

　　随着软件版本的提高，PDF 的功能也越来越强大。PDF 的广泛应用，使得其使用方式更为灵活。通过复制同样可以快速将图形文件粘贴到 Word 文档中使用，见图 6.38。此种 CAD 图形转换应用方法的不足之处是 PDF 格式文件插入 Word 文档后不能裁剪和旋转，单击右键在快捷菜单中选择"设置对象格式"命令，其中"旋转"不能使用。

技巧操作

（1）按照本章前述方法将 CAD 绘制的图形输出为 PDF 格式文件，输出的图形文件保存到电脑某个目录下，本案例输出的图形名称为"桩基承台大样图 Model (1).pdf"，见图 6.39。

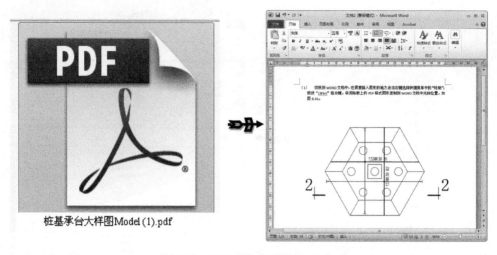

图 6.38　PDF 粘贴使用到 Word 中

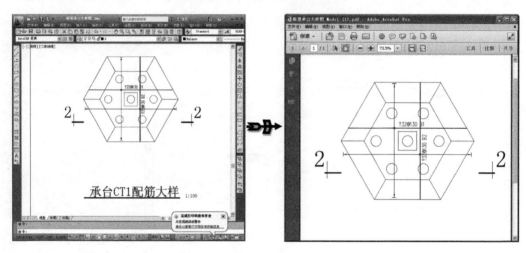

图 6.39　将图形输出为 PDF 格式文件

（2）在电脑中找到"桩基承台大样图 Model (1).pdf"文件，单击选中，然后单击右键弹出快捷菜单，在快捷菜单中选择"复制"命令，将图形复制到 Windows 系统剪贴板中，见图 6.40。

图 6.40　将 PDF 图形文件复制到剪贴板中

（3）切换到 Word 文档中，在需要插入图形的地方单击右键选择快捷菜单中的"粘贴"命令；或按 Ctrl+V 键。将剪贴板上的 PDF 格式图形复制到 Word 文档中光标位置，见图 6.41。

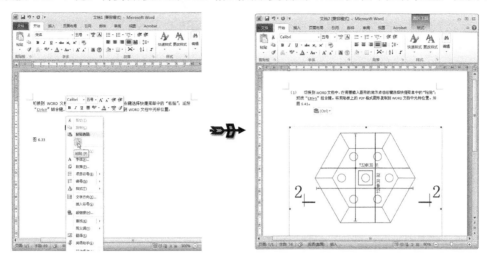

图 6.41 将 PDF 图形文件粘贴到 Word 文档中

（4）注意，插入的 PDF 图形文件大小与输出文件大小有关，需要进行调整以适合 Word 文档窗口。方法是单击选中该文件，按住左键拖动光标调整其大小即可，见图 6.42。

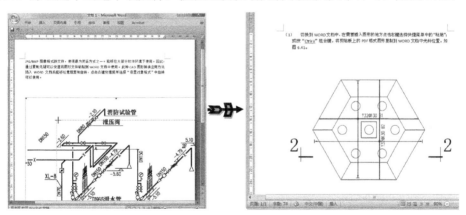

图 6.42 调整适合 Word 文档窗口

（5）此外，使用 PDF 格式文件复制，其方向需要在 CAD 输出 PDF 时调整合适方向及角度（也可以在 Acrobat Pro 软件中调整），因为其不是图片 JPG/BMP 格式，PDF 格式文件插入 Word 文档后不能裁剪和旋转，单击右键在快捷菜单中选择"设置对象格式"命令，其中"旋转"不能使用，此乃此种 CAD 图形转换应用方法的不足之处，见图 6.43。

6.3.3 使用 Print Screen 键复制建筑结构 CAD 图到 Word 中

技巧内容

　　Print Screen 按键复制是 Windows 系统最原生态的图像捕捉方法。在 CAD 绘图中，同样可以使用这种简单的方法捕捉 CAD 图形，快速得到图形图像文件。然后通过粘贴即可在 Word 文档中使用图形图像文件。此种方法只能捕捉整个屏幕，不能按范围捕捉。也即电脑屏幕上看到的内容均包括在内，如输入法、Windows 系统栏等，见图 6.44。

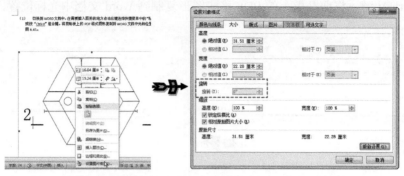

（a）插入的 PDF 图形文件"设置对象格式"中"旋转"不能使用

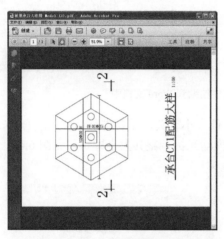

（b）在 Acrobat Pro 软件中调整图形方向

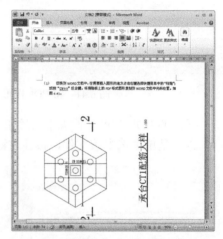

（c）PDF 文件插入 Word 文档的图形方向

图 6.43　关于 PDF 格式文件的方向及裁剪

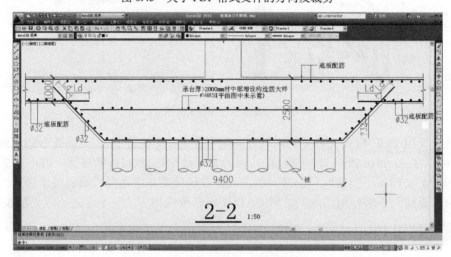

图 6.44　使用 Print Screen 键复制图形图像

技巧操作

（1）CAD 绘制完成图形后，使用 ZOOM 功能命令将要使用的图形范围放大至充满整个屏幕区域，见图 6.45。

命令：ZOOM

指定窗口的角点，输入比例因子 (nX 或 nXP)，或者

[全部(A)/中心(C)/动态(D)/范围(E)/上一个(P)/比例(S)/窗口(W)/对象(O)] <实时>：W（或输入 E）

指定第一个角点：指定对角点：

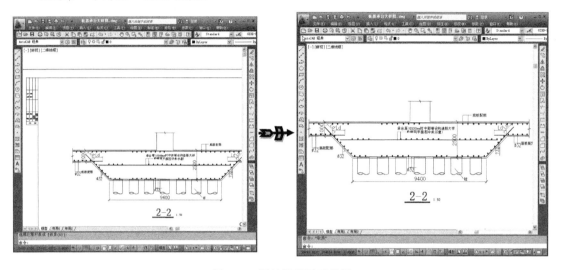

图 6.45　调整图形显示范围

（2）按 Print Screen 键，将当前电脑屏幕上所有显示的图形复制到 Windows 系统的剪贴板上。然后切换到 Word 文档窗口中，单击右键，在快捷菜单中选择"粘贴"命令或按 Ctrl+V 键，图形图片即可复制到 Word 文档光标位置，见图 6.46。

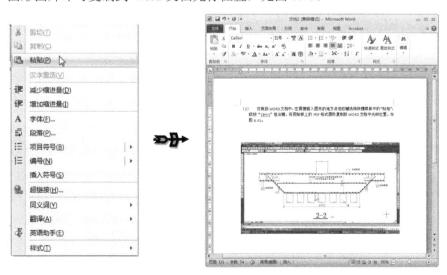

图 6.46　粘贴图形到 Word 文档中

（3）在 Word 文档窗口中，单击图形图片，Word 将显示"图片工具"状态。然后在"格式"菜单下选择图形工具的"裁剪"命令，见图 6.47。

（4）将光标移动至图形图片处，单击光标拖动即可进行裁剪，见图 6.48。

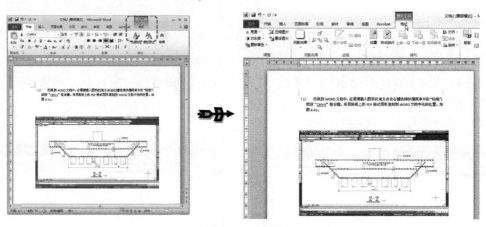

图 6.47 使用 Word 的"裁剪"工具

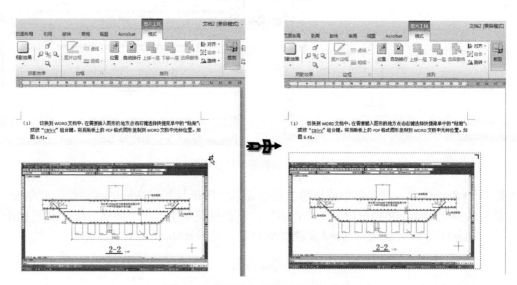

图 6.48 拖动光标进行图形图片裁剪

（5）移动光标至图形图片另外一边或对角处，单击光标拖动即可进行裁剪，完成图形图片操作后即可使用 CAD 绘制的图形。可以在 Word 文档中将图片复制移动到任意位置使用，见图 6.49。

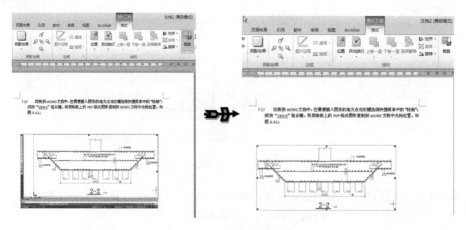

图 6.49 完成图形图片裁剪

第 7 章

建筑基础结构 CAD 绘图技巧快速提高

本章主要介绍在进行建筑基础结构图 CAD 绘图时的一些技巧和方法，通过学习这些技巧与方法，或许可以在一定程度上对提高学习者 CAD 建筑结构相关绘图技能及绘图效率有所帮助。注：在讲解中，主要注重阐述相关绘图技巧的运用上，限于篇幅，对于建筑结构图形具体绘制详细过程可能较为简略。对 CAD 图形基本绘制方法及操作不熟悉的读者，可以参考化学工业出版社出版的《建筑结构 CAD 绘图快速入门》一书。

为便于学习提高建筑基础结构图 CAD 绘图技能，本书提供本章讲解案例实例的 CAD 图形（dwg 格式图形文件）供学习使用。读者可以到如下任一地址下载，图形文件仅供学习参考。

◆ 百度网盘（下载地址为：http://pan.baidu.com/share/link?shareid=400442&uk=605274645）

7.1 框架结构基础图 CAD 绘制技巧快速提高 ◀◀◀

在框架结构建筑基础结构图中，一般包括基础平面布置图及基础剖面图（基础大样图）。如何快速进行框架结构的基础平面布置图及剖面图绘制显得十分重要，对提高框架结构建筑的结构施工图绘图效率极为有效。如图 7.1 所示为某项目的基础平面布置图。

7.1.1 框架结构基础平面布置图 CAD 绘图技巧快速提高

技巧内容

本技巧将以前述某工程项目的基础结构图平面布置图为案例，介绍在框架结构建筑基础平面布置图 CAD 绘图中的一些绘制技巧，见图 7.2。

技巧操作

（1）先介绍柱基平面定位操作技巧，见图 7.3。

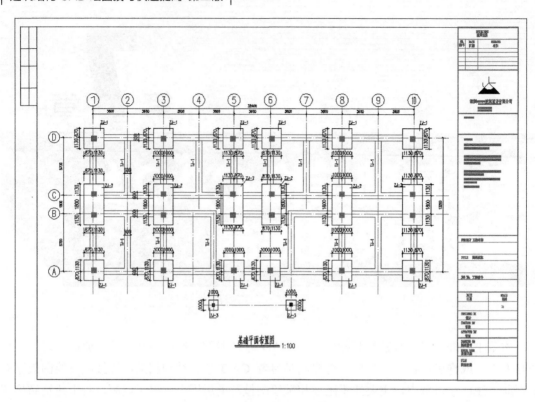

图 7.1 某项目基础平面布置图

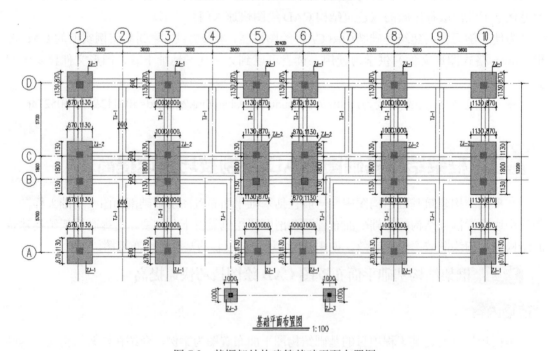

图 7.2 某框架结构建筑基础平面布置图

（2）先按设计大小绘制独立柱基平面轮廓后，然后需将其按轴线中间位置进行定位，见图 7.4。

（3）然后根据柱基偏移位置，在水平或竖直方向移动相应的距离即可，其他柱基平面布置按此类似方法，见图 7.5。

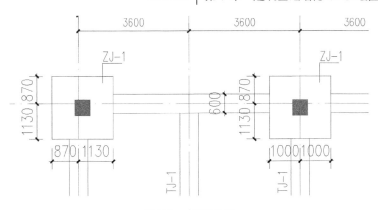

图 7.3　柱基定位

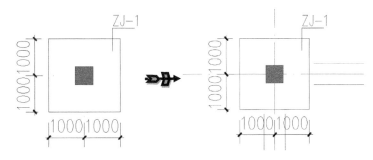

图 7.4　绘制独立柱基平面轮廓

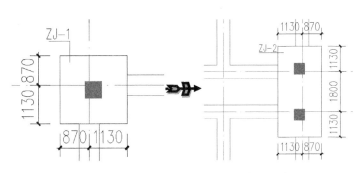

图 7.5　根据柱基偏移位置移动相应的距离

（4）条形基础交接处线条平面轮廓处理，可以通过进行倒角（CHAMFER）功能快速修改得到，见图 7.6。

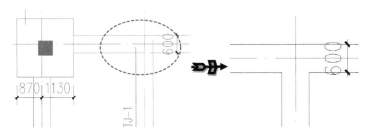

图 7.6　通过进行倒角（CHAMFER）功能快速修改

（5）条形基础端部的交接处线条平面轮廓按上述方法，使用 CHAMFER 功能快速处理完成，见图 7.7。

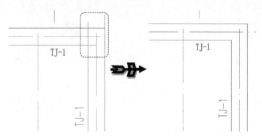

图 7.7 条形基础端部的交接处线条平面轮廓处理

（6）按前面介绍的方法，继续绘制该项目的基础平面布置图，见图 7.8。

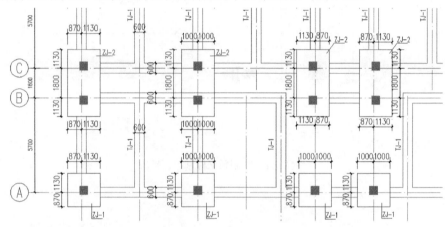

图 7.8 继续绘制该项目的基础平面布置图

7.1.2 框架结构独立柱基大样图 CAD 绘图技巧快速提高

技巧内容

在进行建筑独立柱基大样图绘制中，会有一些绘图技巧和方法值得掌握利用，对提高建筑结构专业的绘图效率有一定帮助。本节将以如图 7.9 所示某柱基大样图为例，介绍其绘图中的一些技巧与方法。

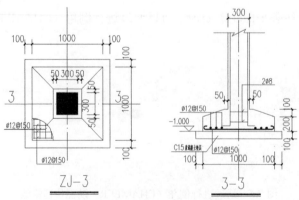

图 7.9 某柱基大样图

技巧操作

（1）在柱基大样图中，对正方形柱基的平面轮廓可以通过偏移功能（offset）快速生成，偏移
    间距为轮廓之间的距离，见图 7.10。

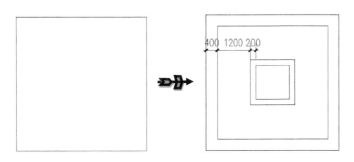

图 7.10　绘制正方形柱基的平面轮廓

（2）然后可以进行其他绘制，如填充、标注尺寸等绘制直至完成，见图 7.11。

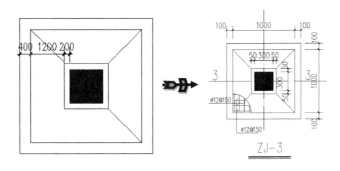

图 7.11　填充、标注尺寸等

（3）独立柱基大样图中的剖面中，钢筋造型绘制可以使用 PLINE 功能命令快速得到。注意其
    中的操作设置（包括宽度、圆弧段与直线段之间切换命令），见图 7.12。

    命令：PLINE
    指定起点：
    当前线宽为 15
    指定下一个点或 [圆弧(A)/半宽(H)/长度(L)/放弃(U)/宽度(W)]：W
    指定起点宽度 <15>：30
    指定端点宽度 <30>：30
    指定下一个点或 [圆弧(A)/半宽(H)/长度(L)/放弃(U)/宽度(W)]：
    指定下一点或 [圆弧(A)/闭合(C)/半宽(H)/长度(L)/放弃(U)/宽度(W)]：A
    指定圆弧的端点或
    [角度(A)/圆心(CE)/闭合(CL)/方向(D)/半宽(H)/直线(L)/半径(R)/第二个点(S)/
放弃(U)/宽度(W)]：
    指定圆弧的端点或
    [角度(A)/圆心(CE)/闭合(CL)/方向(D)/半宽(H)/直线(L)/半径(R)/第二个点(S)/
放弃(U)/宽度(W)]：L
    指定下一点或 [圆弧(A)/闭合(C)/半宽(H)/长度(L)/放弃(U)/宽度(W)]：

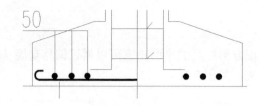

图 7.12　绘制钢筋造型

（4）对应一侧可以通过进行镜像（MIRROR）快速得到，见图 7.13。

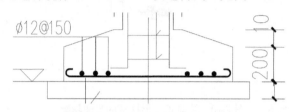

图 7.13　进行镜像快速得到对称图形

7.2 高层建筑结构基础图 CAD 绘制技巧快速提高 ««««

快速进行高层建筑结构的基础平面布置图及剖面图（基础大样图）绘制十分重要，掌握相关绘图技巧，对提高建筑结构施工图绘图效率极为有效。如图 7.14 所示为某高层建筑的基础平面布置图。

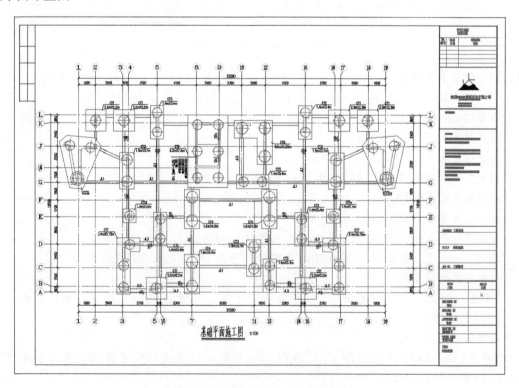

图 7.14　某高层建筑基础平面布置图

7.2.1 高层建筑基础平面布置图 CAD 绘图技巧快速提高

技巧内容

　　本技巧将以前述某高层建筑工程的基础结构平面布置图为案例，介绍在高层结构建筑基础平面布置图 CAD 绘图中的一些绘制技巧，见图 7.15。

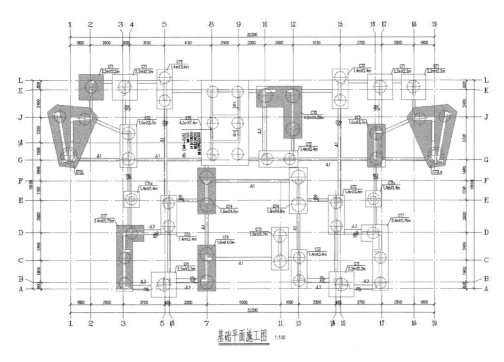

图 7.15　柱基平面图案例

技巧操作

（1）柱基平面轮廓一般以圆形虚线表示。设置其为虚线线型后显示仍未变化为虚线，则需要调整，使用如图 7.16 所示命令。

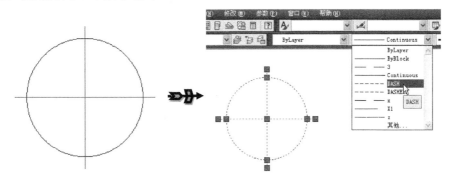

图 7.16　绘制柱基平面轮廓

（2）使用 LTSCALE 功能命令调整修改为合适的数值。具体数值设置根据绘图显示效果调整，见图 7.17。

命令：LTSCALE

输入新线型比例因子 <100.0000>：1000

正在重生成模型。

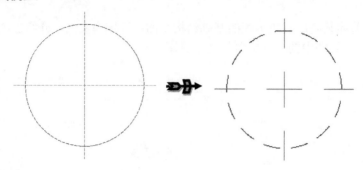

图 7.17 调整绘图显示效果

（3）然后将柱基平面轮廓及定位轴线定义为图块（使用 BLOCK 功能命令），并设置于一个新图层中（如柱基），即可方便复制，见图 7.18。

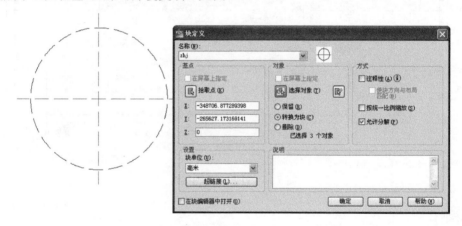

图 7.18 将柱基平面轮廓及定位轴线定义为图块

（4）定义为图块后，将柱基按设计位置进行复制，可以快速布置柱基平面图，见图 7.19。

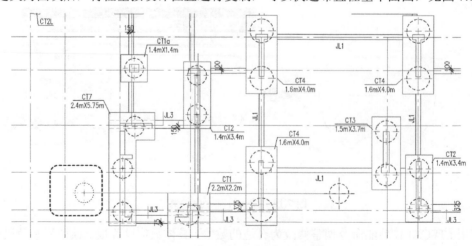

图 7.19 将柱基按设计位置进行复制

7.2.2 高层建筑柱基大样图 CAD 绘图技巧快速提高

技巧内容

本技巧将以前述某高层建筑工程的桩基大样图为案例，介绍在桩基大样图 CAD 绘图中的一些绘制技巧，见图 7.20。

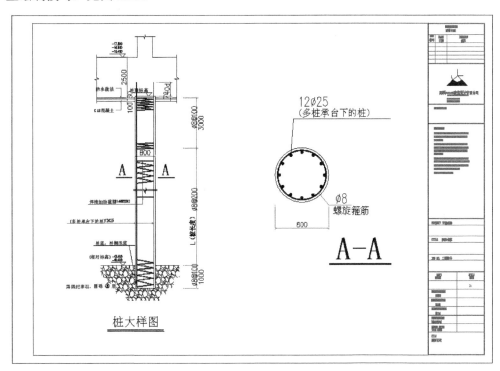

图 7.20 某桩基大样图

技巧操作

（1）柱基一般为圆形，绘制其圆形钢筋（箍筋）需要一些技巧，因圆形不能直接绘制为粗线，先绘制柱基截面圆形（circle）外轮廓，然后偏移（OFFSET）形成三个同心圆，见图 7.21。

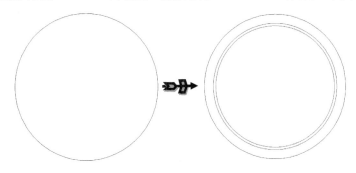

图 7.21 绘制柱基截面圆形外轮廓

（2）将内侧的同心圆之间填充（hatch）为实心图案（SOLID），即可快速得到圆形箍筋造型，见图 7.22。

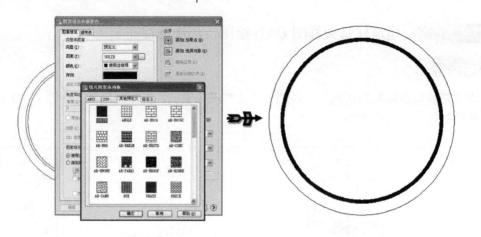

图 7.22 填充快速得到圆形箍筋造型

（3）桩基主钢筋截面的布置也有一些技巧可利用。现使用 CIECLE、HATCH 绘制箍筋截面，并布置在圆形柱基象限点处，见图 7.23。

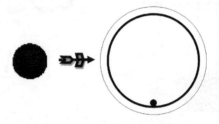

图 7.23 绘制桩基主钢筋截面

（4）按照实际设计确定的柱基主筋数量，使用圆环阵列功能命令（ARRAYPOLAR），可以快速准确地等分布置主筋截面造型，见图 7.24。

命令：ARRAYPOLAR

选择对象：指定对角点：找到 2 个

选择对象：

类型 = 极轴 关联 = 是

指定阵列的中心点或 [基点(B)/旋转轴(A)]：

输入项目数或 [项目间角度(A)/表达式(E)] <4>：12

指定填充角度(+=逆时针、-=顺时针)或 [表达式(EX)] <360>：360

按 Enter 键接受或 [关联(AS)/基点(B)/项目(I)/项目间角度(A)/填充角度(F)/行(ROW)/层(L)/旋转项目(ROT)/退出(X)] <退出>：

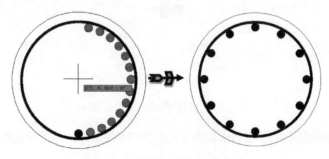

图 7.24 使用圆环阵列功能命令

（5）对标注中显示为"?"的一级钢筋符号，通过将"?"处文字修改为"%%C"，即可快速
显示为"ø"，见图 7.25。

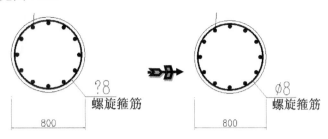

图 7.25　钢筋标注修改

（6）利用前面介绍的有关技巧方法，完成该桩基大样图绘制，具体绘制过程在此从略，见
图 7.26。

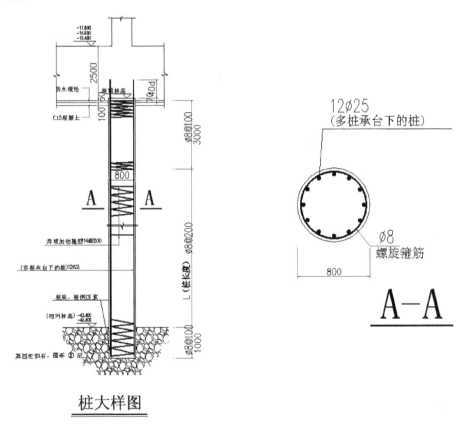

图 7.26　完成桩基大样图绘制

第 **8** 章

建筑楼板及梁柱结构CAD绘图技巧快速提高

本章主要介绍在进行建筑楼板及梁柱结构 CAD 绘图时的一些技巧和方法，通过学习掌握类似相关绘图操作技巧与方法，可能在一定程度上对提高学习者建筑结构专业 CAD 绘图技能及绘图效率有一定的促进。

为便于学习提高 CAD 绘图技能，本书提供本章讲解案例实例的 CAD 图形（dwg 格式图形文件），读者可以到如下任一地址下载，图形文件仅供学习参考：

◆ 百度网盘（下载地址为：http://pan.baidu.com/share/link?shareid=400445&uk=605274645）

8.1 建筑楼板结构 CAD 绘图技巧快速提高

本节主要介绍建筑钢筋混凝土楼板结构图 CAD 绘制中的一些操作技巧与方法。

8.1.1 建筑平面布置图 CAD 绘图技巧快速提高

技巧内容

在进行建筑楼板结构平面图绘制时，会有一些绘图技巧和方法值得掌握利用，对提高建筑结构专业的绘图效率有一定帮助。本节将以如图 8.1 所示某住宅楼标准层结构平面图为例，介绍其绘图中的一些技巧与方法。

技巧操作

（1）建筑结构平面图的钢筋绘制常常为粗线条。方法之一是可以使用 PLINE 功能命令直接绘制有一定宽度的钢筋线条，见图 8.2。

```
命令：PLINE
指定起点：
当前线宽为 0
```

指定下一个点或 [圆弧(A)/半宽(H)/长度(L)/放弃(U)/宽度(W)]：W

指定起点宽度 <0>：30

指定端点宽度 <30>：30

指定下一个点或 [圆弧(A)/半宽(H)/长度(L)/放弃(U)/宽度(W)]：

指定下一点或 [圆弧(A)/闭合(C)/半宽(H)/长度(L)/放弃(U)/宽度(W)]：　<正交　关>

指定下一点或 [圆弧(A)/闭合(C)/半宽(H)/长度(L)/放弃(U)/宽度(W)]：

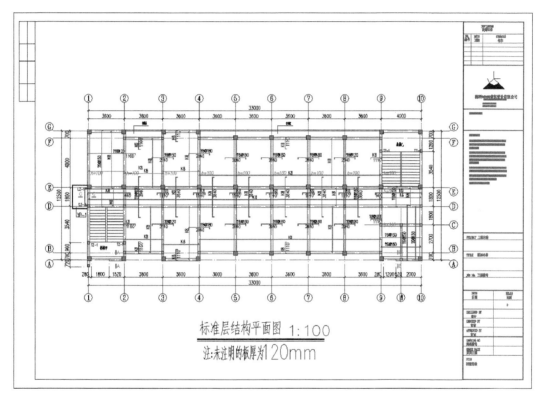

图 8.1　某住宅楼标准层结构平面图

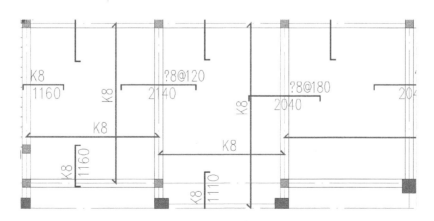

图 8.2　直接绘制有一定宽度的钢筋线条

（2）对于一级钢筋的弯头造型，除了绘制为 45°\90° 角直线外，也可以绘制为半圆形弯头造型，这可以使用 PLINE 命令直接绘制得到，方法是绘制时输入 A 设置为弧度造型即可，见图**8.3**。

命令：PLINE

指定起点：

当前线宽为 30

指定下一个点或 [圆弧(A)/半宽(H)/长度(L)/放弃(U)/宽度(W)]：

指定下一点或 [圆弧(A)/闭合(C)/半宽(H)/长度(L)/放弃(U)/宽度(W)]：A

指定圆弧的端点或

[角度(A)/圆心(CE)/闭合(CL)/方向(D)/半宽(H)/直线(L)/半径(R)/第二个点(S)/放弃(U)/宽度(W)]：

指定圆弧的端点或

[角度(A)/圆心(CE)/闭合(CL)/方向(D)/半宽(H)/直线(L)/半径(R)/第二个点(S)/放弃(U)/宽度(W)]：L

指定下一点或 [圆弧(A)/闭合(C)/半宽(H)/长度(L)/放弃(U)/宽度(W)]：

指定下一点或 [圆弧(A)/闭合(C)/半宽(H)/长度(L)/放弃(U)/宽度(W)]：A

指定圆弧的端点或

[角度(A)/圆心(CE)/闭合(CL)/方向(D)/半宽(H)/直线(L)/半径(R)/第二个点(S)/放弃(U)/宽度(W)]：

指定圆弧的端点或

[角度(A)/圆心(CE)/闭合(CL)/方向(D)/半宽(H)/直线(L)/半径(R)/第二个点(S)/放弃(U)/宽度(W)]：L

指定下一点或 [圆弧(A)/闭合(C)/半宽(H)/长度(L)/放弃(U)/宽度(W)]：

指定下一点或 [圆弧(A)/闭合(C)/半宽(H)/长度(L)/放弃(U)/宽度(W)]：

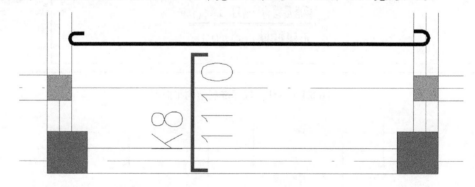

图 8.3 使用 PLINE 绘制钢筋弯头造型

（3）在绘制钢筋时，可以先不考虑其长度。绘制完成后使用 STRETCH 功能命令，按照建筑结构定位尺寸进行任意调整，见图 8.4。

命令：STRETCH

以交叉窗口或交叉多边形选择要拉伸的对象...

选择对象：指定对角点：找到 1 个

选择对象：

指定基点或 [位移(D)] <位移>：

指定第二个点或 <使用第一个点作为位移>：

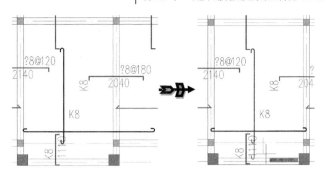

图 8.4　可以使用 STRETCH 功能命令调整长度

（4）对于要修改替换结构图纸图形的多个相同文字，可以使用 FIND 功能命令快速完成。例如，要将钢筋"@180"修改为"@150（最小）"，则可以通过 FIND 功能命令来实现，见图 8.5。

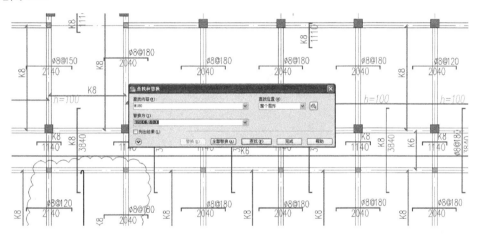

图 8.5　通过 FIND 功能命令来实现替换

（5）执行 FIND 功能后，快速将"@180"修改为"@150（最小）"，其他文字修改方法技巧类似，见图 8.6。

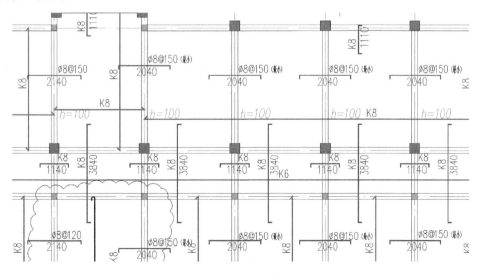

图 8.6　其他文字修改

:::: **8.1.2** 倾斜的楼板结构（楼梯板）CAD 绘图技巧快速提高

技巧内容

在进行建筑楼板结构平面图绘制时，会遇到倾斜的楼板结构图（例如楼梯板结构图），绘制楼梯板结构图会有一些绘图技巧和方法值得掌握利用。本节将以如图 8.7 所示某楼梯板结构剖面图为例，介绍其绘图中的一些技巧与方法。

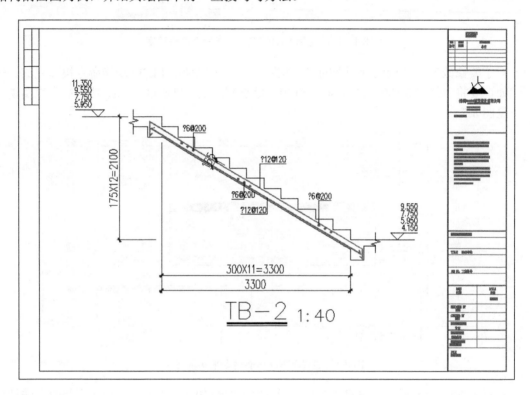

图 8.7　某楼梯板结构剖面图

技巧操作

（1）对楼梯踏步板结构的钢筋绘制有一些技巧可以使用，例如，梯板长度方向的钢筋绘制方法，是先连接楼梯板上下侧踏步角端线作为辅助线，见图 8.8。

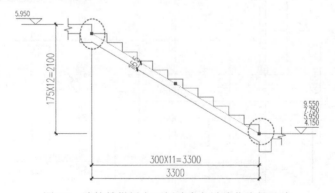

图 8.8　连接楼梯板上下侧踏步角端线作为辅助线

（2）将该直线偏移一小段距离，即可得到踏步板长度方向上下板结构的钢筋轮廓，见图 8.9。

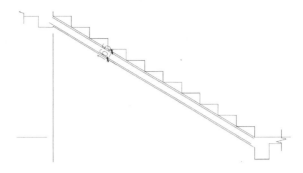

图 8.9　偏移可得到上下板结构的钢筋轮廓

（3）然后使用 PEDIT 功能命令将钢筋轮廓加粗即可，并删除辅助线，见图 8.10。

命令：PEDIT

选择多段线或 [多条(M)]：M

选择对象：找到 1 个

选择对象：找到 1 个，总计 2 个

选择对象：

是否将直线、圆弧和样条曲线转换为多段线？[是(Y)/否(N)]？<Y> Y

输入选项 [闭合(C)/打开(O)/合并(J)/宽度(W)/拟合(F)/样条曲线(S)/非曲线化(D)/线型生成(L)/反转(R)/放弃(U)]：W

指定所有线段的新宽度：30

输入选项 [闭合(C)/打开(O)/合并(J)/宽度(W)/拟合(F)/样条曲线(S)/非曲线化(D)/线型生成(L)/反转(R)/放弃(U)]：

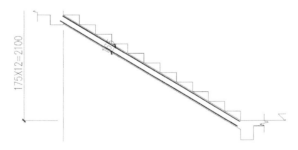

图 8.10　使用 PEDIT 功能命令将钢筋轮廓加粗

（4）然后再绘制其他钢筋造型、标注文字等，直至完成楼梯板结构图绘制，见图 8.11。

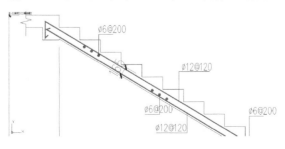

图 8.11　标注文字等

8.2 建筑梁柱结构 CAD 绘图技巧快速提高 ◀◀◀

本节主要介绍建筑钢筋混凝土柱子及梁结构图 CAD 绘制中的一些操作技巧与方法。

8.2.1 建筑结构梁 CAD 绘图技巧快速提高

技巧内容

在进行建筑结构梁施工图绘制时，会有一些绘图技巧和方法值得掌握利用，对提高建筑结构专业的绘图效率有一定帮助。本节将以如图 8.12 所示某折线梁的剖面图为例，介绍其绘图中的一些技巧与方法。

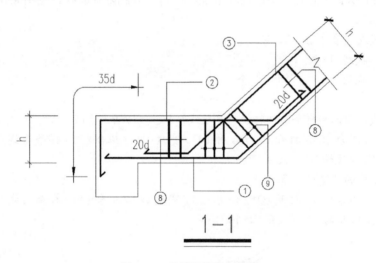

图 8.12　某折线梁的剖面图

技巧操作

（1）将梁的外轮廓线偏移一小段距离（约为钢筋保护层的厚度），快速得到受力主筋轮廓，见图 8.13。

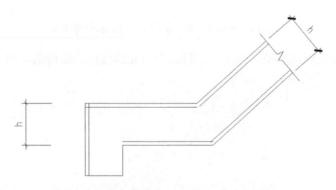

图 8.13　偏移外轮廓快速得到受力主筋轮廓

（2）使用 PEDIT 功能命令快速修改钢筋线条粗细，再使用 CHAMFER 功能命令快速修改两条钢筋造型交接处，然后继续绘制该剖面图其他图形，见图 8.14。

命令：CHAMFER

（"修剪"模式）当前倒角距离 1 = 0，距离 2 = 0

选择第一条直线或 [放弃(U)/多段线(P)/距离(D)/角度(A)/修剪(T)/方式(E)/多个(M)]：D

指定 第一个 倒角距离 <0>：0

指定 第二个 倒角距离 <0>：0

选择第一条直线或 [放弃(U)/多段线(P)/距离(D)/角度(A)/修剪(T)/方式(E)/多个(M)]：

选择第二条直线，或按住 Shift 键选择直线以应用角点或 [距离(D)/角度(A)/方法(M)]：

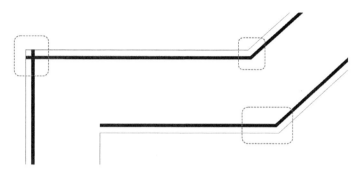

图 8.14　修改钢筋线条粗细

（3）梁钢筋锚固长度的箭头造型标注，可以通过一定的绘图技巧快速完成，见图 8.15。

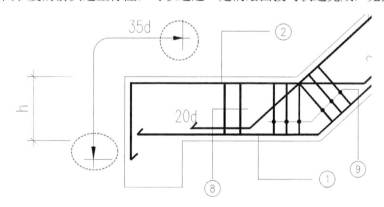

图 8.15　梁钢筋锚固长度的箭头造型

（4）梁钢筋的锚固长度标注的弧度线通过 FILLET 功能快速得到，见图 8.16。

命令：FILLET

当前设置：模式 = 修剪，半径 = 0

选择第一个对象或 [放弃(U)/多段线(P)/半径(R)/修剪(T)/多个(M)]：R

指定圆角半径 <0>：200

选择第一个对象或 [放弃(U)/多段线(P)/半径(R)/修剪(T)/多个(M)]：

选择第二个对象，或按住 Shift 键选择对象以应用角点或 [半径(R)]：

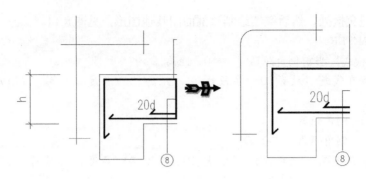

图 8.16 通过 FILLET 功能快速得到标注的弧度线

（5）梁钢筋的锚固长度标注的箭头造型，可以通过 PLINE 功能命令快速得到，见图 8.17。

命令：PLINE

指定起点：

当前线宽为 0

指定下一个点或 [圆弧(A)/半宽(H)/长度(L)/放弃(U)/宽度(W)]：W

指定起点宽度 <0>：50

指定端点宽度 <50>：0

指定下一个点或 [圆弧(A)/半宽(H)/长度(L)/放弃(U)/宽度(W)]：

指定下一点或 [圆弧(A)/闭合(C)/半宽(H)/长度(L)/放弃(U)/宽度(W)]：

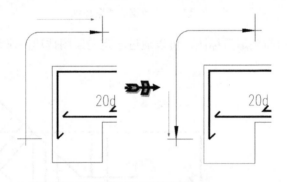

图 8.17 箭头造型快速绘制

8.2.2 建筑结构柱 CAD 绘图技巧快速提高

技巧内容

在进行建筑柱子结构平面图绘制时，会有一些绘图技巧和方法值得掌握利用，对提高建筑结构专业的绘图效率有一定帮助。本节将以如图 8.18 所示某框架柱子的水平大样图为例，介绍其绘图中的一些技巧与方法。

技巧操作

（1）绘制框架柱子的外轮廓后，偏移生成箍筋轮廓线，然后在钢筋轮廓的一条边绘制直线段，见图 8.19。

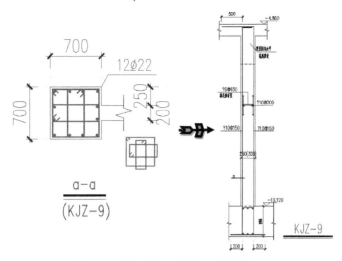

图 8.18　某框架柱子的水平大样图

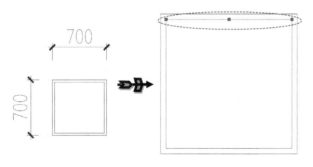

图 8.19　绘制框架柱子的外轮廓

（2）先使用 DDPTYPE 功能命令设置点的样式为 "X"，然后使用 DIVIDE 功能命令将直线段等分，等分数量按框架柱子的设计主筋数量确定，本案例为 4 根主筋，则 3 等分，见图 8.20。

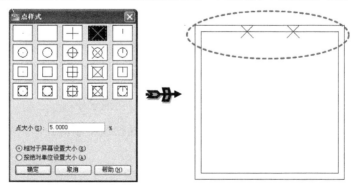

图 8.20　使用 DIVIDE 功能命令将直线段等分

（3）将箍筋轮廓线通过 PEDIT 功能命令修改其粗细，再使用 PLINE 功能命令，设置线条宽度后按等分点的位置准确绘制之间的拉筋轮廓造型，见图 8.21。

（4）箍筋的锚固长度造型绘制，可以先绘制两条端平行线并使用 ROTATE 命令旋转 45° 角，见图 8.22。

命令：ROTATE
UCS 当前的正角方向：ANGDIR=逆时针　ANGBASE=0

找到 2 个
指定基点：
指定旋转角度，或〔复制(C)/参照(R)〕<0>：45

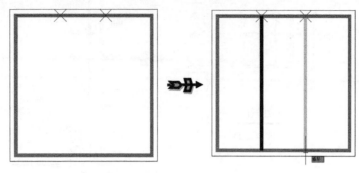

图 8.21 修改箍筋轮廓线粗细

图 8.22 绘制两条端平行线并旋转 45°角

（5）将倾斜的短平行线移动至箍筋处即可，还可以使用 STRETCH 命令调整其长度然后布置主筋截面造型，见图 8.23。

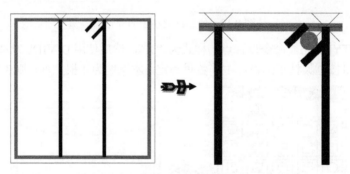

图 8.23 将倾斜的短平行线移动至箍筋处

（6）框架柱子的其他方向的箍筋及主筋造型按前述方法快速绘制得到，见图 8.24。

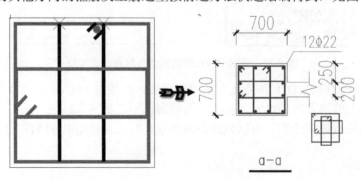

图 8.24 按前述方法快速绘制框架柱子截面

第**9**章

建筑剪力墙及钢结构CAD绘图技巧快速提高

本章主要介绍在进行建筑剪力墙及钢结构 CAD 绘制时的一些技巧和方法，通过学习掌握类似相关绘图操作技巧与方法，可能在一定程度上对提高学习者建筑结构 CAD 绘图技能及绘图效率有一定的促进。

为便于学习提高 CAD 建筑结构绘图技能，本书提供本章讲解案例实例的 CAD 图形（dwg格式图形文件），读者可以到如下任一地址下载，图形文件仅供学习参考：

◆ 百度网盘（下载地址为：http://pan.baidu.com/share/link?shareid=400448&uk=605274645）

9.1 建筑剪力墙结构图 CAD 绘制技巧快速提高

技巧内容

以如图 9.1 所示某高层建筑的外墙剪力墙结构为例，介绍其绘制过程中的一些绘图方法与技巧。

技巧操作

（1）先按工程设计计算的数据大小绘制外墙剪力墙的轮廓图并标注尺寸如图 9.2 所示。

（2）因在实际绘图中，外墙高度方向的轮廓常常以折断线表示其中间较长部分；例如，该外墙层高 3400，实际绘制长度尺寸为 2775，但在施工图中其长度需标注为 3400，不能使用 2775 进行标注，需修改，其快速修改方法见下一步介绍，见图 9.3。

（3）先单击选中要修改的标注尺寸如"2775"，然后在"标准"工具栏上单击"特性"图标，见图 9.4。

（4）弹出"特性"对话框，在该对话框中单击展开"文字"一栏，在"测量单位"一栏中显示的是"2775"，在"文字替代"一栏中右侧空白处单击，即可输入要修改的文字，例如"3400"，输入后回车即可完成修改，见图 9.5。

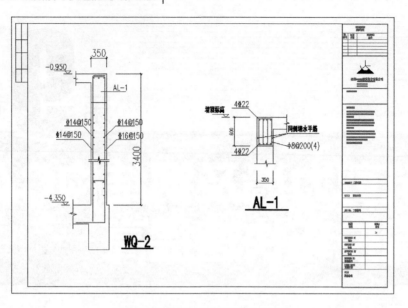

图 9.1 某高层建筑的外墙剪力墙结

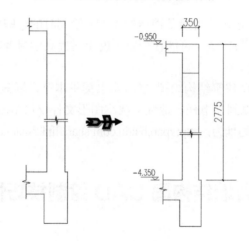

图 9.2 外墙剪力墙的轮廓图

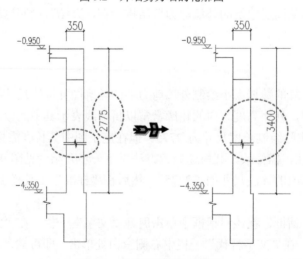

图 9.3 外墙高度标注需修改

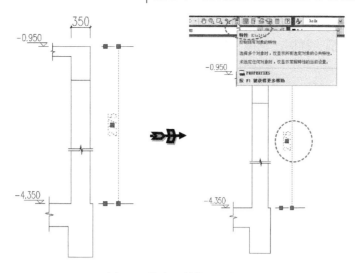

图 9.4　单击"特性"图标

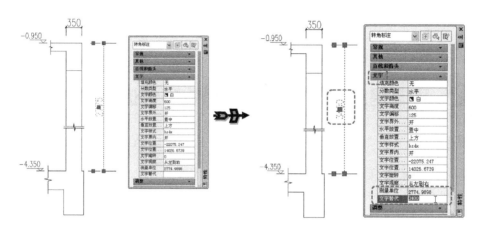

图 9.5　输入要修改的文字

（5）按上述方法还可以修改为其他任意文字尺寸及符号，例如"层高 L=3400""层高按建筑
设计"，见图 9.6。

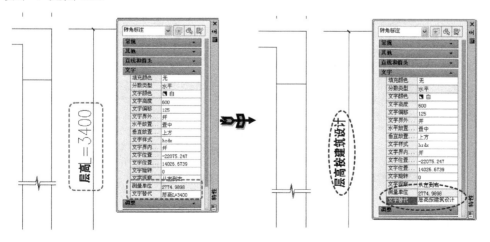

图 9.6　修改为其他任意文字尺寸及符号

（6）外墙剪力墙结构的钢筋绘制技巧参考前面有关章节论述，按设计完成该外墙剪力墙结构图及其暗梁截面大样图，见图9.7。

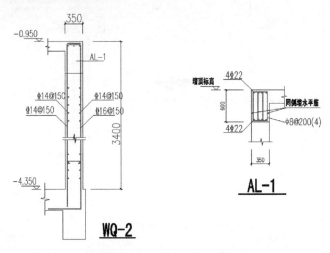

图 9.7　完成该外墙剪力墙结构图

9.2　建筑钢结构图 CAD 绘制技巧快速提高 ‹‹‹‹

技巧内容

本节将以如图 9.8 所示某钢结构项目的连接节点大样图为例，介绍其 CAD 绘制时的一些技巧与方法，为快速绘制建筑钢结构专业相关施工图提供一定参考。

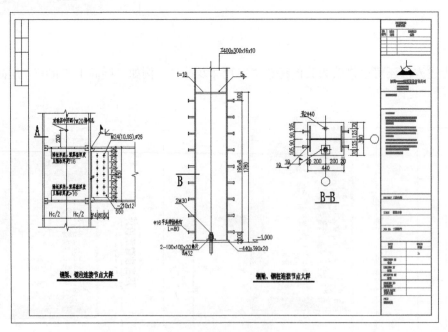

图 9.8　某钢结构项目的连接节点大样图

技巧操作

（1）先介绍如何准确快速等距布置钢柱立面图中的栓钉轮廓造型，见图 9.9。

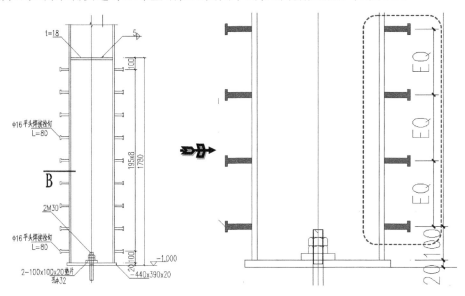

图 9.9 快速等距布置钢柱立面图中的栓钉

（2）在钢柱布置栓钉的长度范围内绘制一段直线（LINE），可以先扣除两端的间距长度范围，见图 9.10。

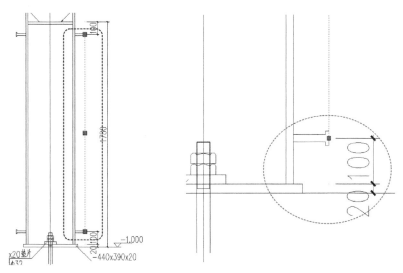

图 9.10 绘制一段直线

（3）先使用 DDTYPE 设置点的样式，然后执行等分功能命令 DIVIDE，按钢柱的长度设置合理的栓钉数量 N，等分数量 $M=N–1$ 即可，见图 9.11。

命令：DIVIDE
选择要定数等分的对象：
输入线段数目或 [块(B)]：8

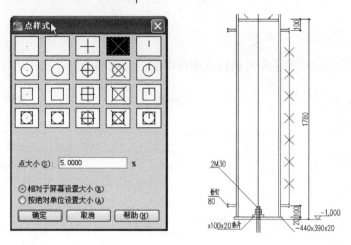

图 9.11　执行等分功能命令

（4）按等分点位置复制（COPY）栓钉造型即可快速准确完成布置，见图 9.12。

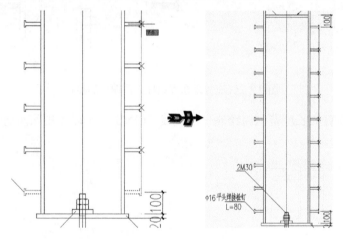

图 9.12　按等分点位置复制栓钉造型

（5）按上述方法可以快速布置钢柱与钢梁等连接处的螺栓及开孔等等分钢结构造型，见图 9.13。

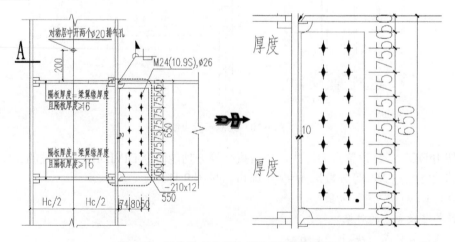

图 9.13　等分技巧在其他钢结构图中的使用

建筑结构 CAD 绘图技巧工程实例强化演练

本章以实际项目工程中的建筑结构施工图为例，阐述前面各个章节所介绍的各种建筑结构 CAD 绘图技巧在实际建筑结构工程设计中的具体应用，目的是对这些技巧进行强化练习，加深理解，帮助读者更为熟悉其使用方法，以求更好地提高建筑结构 CAD 绘图效率和技能，加快绘图进度。另外说明一点，限于篇幅，建筑结构工程部分图形的具体绘制过程不是本书论述的重点，有的可能是一带而过，重点强调在绘制中可以使用哪些技巧和方法，读者可以按绘制需要或提示使用前面章节所介绍的各种技巧与方法进行全过程详细绘制练习。

为便于学习提高 CAD 绘图技能，本书提供本章建筑结构工程讲解案例实例的 CAD 图形（dwg 格式图形文件），读者可以到如下任一地址下载，图形文件仅供学习参考(在学习中，若书中的示意图看不清楚文字、尺寸等。可以使用 CAD 打开所提供的 dwg 文件图形对照即可)。

◆ 百度网盘（下载地址为：http://pan.baidu.com/share/link?shareid=400449&uk=605274645）

10.1 建筑基础结构 CAD 绘图技巧工程实例强化演练

本节主要强化练习有关建筑地基基础结构 CAD 绘制中的一些技巧与方法。本案例以常见的高层建筑桩基基础结构施工图（平面布置图及大样图等）作为讲解案例，如图 10.1-1 所示，逐步介绍其绘图过程中的一些技巧的具体应用及操作实践。其他建筑形式的基础结构施工图等绘制方法与此类似。

10.1.1 桩基平面布置图 CAD 绘制强化练习

(1) 根据建筑平面图修改得到基础结构的定位轴线，由建筑专业提供相关平面图，见图 10.1-2。
(2) 按设计的桩基直径大小绘制桩基平面轮廓，一般桩基直径约 600~1200mm。可以按水平方向绘制圆形（CIRCLE、OFFSET、LINE 等命令）、"+"造型，然后旋转（ROTATE 命令）45°得到倾斜的直线，见图 10.1-3。

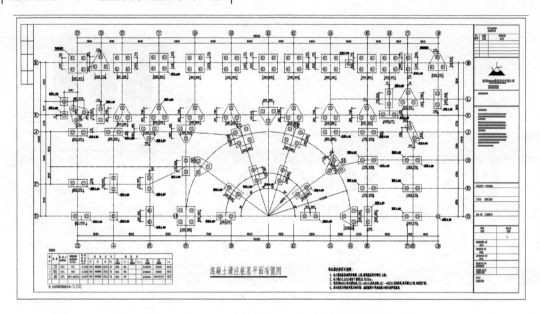

图 10.1-1　某建筑项目桩基平面布置图

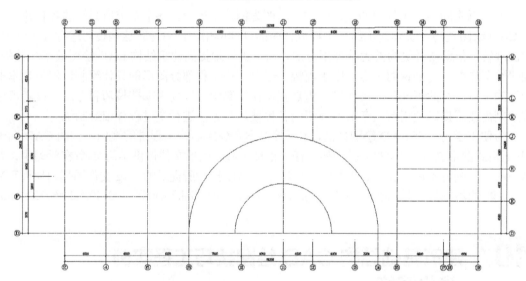

图 10.1-2　修改得到基础结构的定位轴线

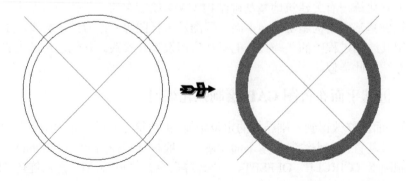

图 10.1-3　按设计的桩基直径大小绘制桩基平面轮廓

（3）使用 LINE、PLINE 等功能命令按设计绘制承台的轮廓。承台的轮廓常见的有圆形、正方形、长方形、多边形等。对于承台轮廓为对称造型的，可以先绘制一半，另外一半通过进行镜像（MIRROR）快速得到，见图 10.1-4。

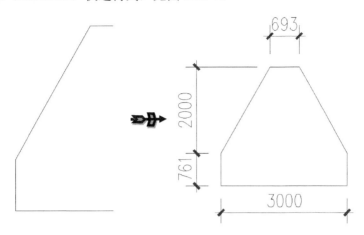

图 10.1-4　通过镜像完成对称造型

（4）其中倾斜线段的绘制，可以先绘制上下水平、垂直方向的线段（LINE），再连接端点即可得到，见图 10.1-5。

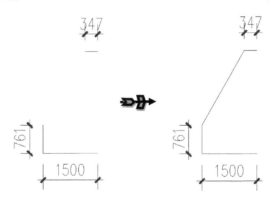

图 10.1-5　先绘制水平、垂直方向的线段再连接

（5）将承台轮廓线设置为虚线（LINETYPE、LTSCALE 等功能命令），见图 10.1-6。

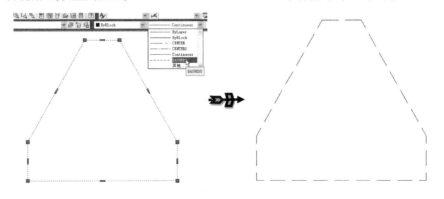

图 10.1-6　将承台轮廓线设置为虚线

（6）按设计确定的位置，将桩基轮廓布置在承台上，并将图形（可以不包括尺寸）定义为图块（BLOCK 命令），例如"CT1"，见图 10.1-7。

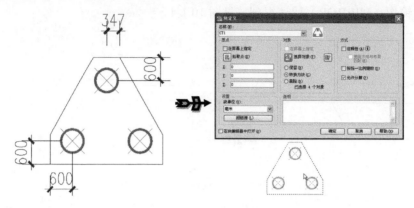

图 10.1-7　将图形（可以不包括尺寸）定义为图块

（7）直接通过复制（COPY、MOVE 等命令）图块 CT1 快速布置相同承台轮廓造型，见图 10.1-8。

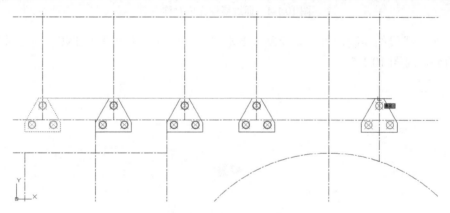

图 10.1-8　快速布置相同承台轮廓造型

（8）对方向、角度不同位置的承台，若外轮廓相同，可以通过旋转（ROTATE）、镜像快速得到，见图 10.1-9。

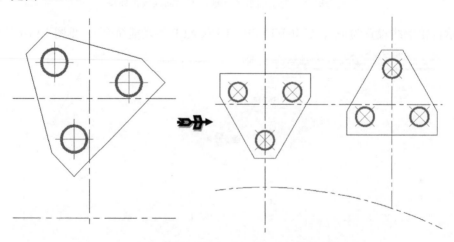

图 10.1-9　通过旋转、镜像快速得到其他不同位置的承台

（9）其他造型承台轮廓按上述方法布置，见图 10.1-10。

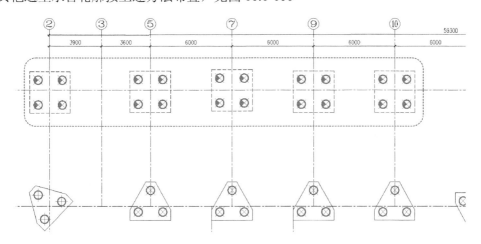

图 10.1-10 布置其他造型承台轮廓

（10）标注承台单位尺寸、编号等文字说明，见图 10.1-11。

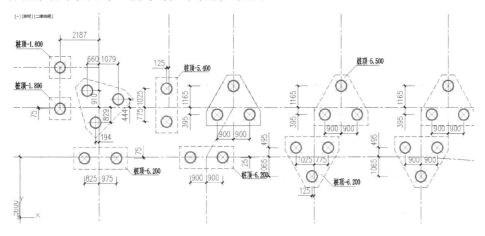

图 10.1-11 标注承台文字

（11）对于半圆形位置的承台造型布置，可以通过一定技巧快速完成，见图 10.1-12。

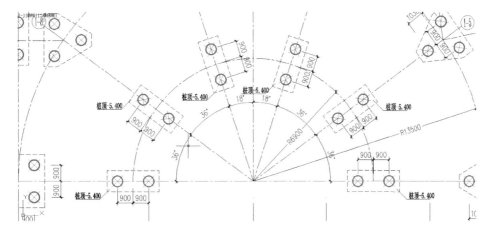

图 10.1-12 半圆形布置的承台造型

（12）先布置一个水平方向的承台轮廓造型，见图 10.1-13。

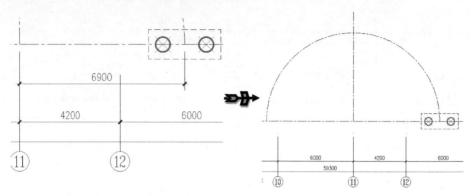

图 10.1-13　先布置一个水平方向的承台轮廓

（13）通过环形阵列功能命令（ARRAYPOLAR），按设计布置的承台数量，快速等分布置得到，见图 10.1-14。

命令：ARRAYPOLAR

选择对象：指定对角点：找到 3 个

选择对象：

类型 = 极轴　关联 = 是

指定阵列的中心点或 [基点(B)/旋转轴(A)]：

输入项目数或 [项目间角度(A)/表达式(E)] <4>：6

指定填充角度(+=逆时针，-=顺时针)或 [表达式(EX)] <360>：180

按 Enter 键接受或 [关联(AS)/基点(B)/项目(I)/项目间角度(A)/填充角度(F)/行(ROW)/层(L)/旋转项目(ROT)/退出(X)]<退出>：

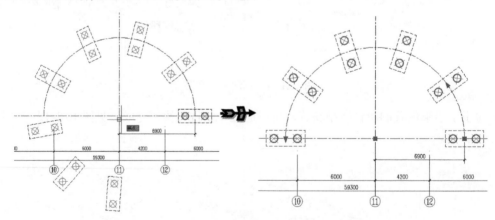

图 10.1-14　进行环形阵列

（14）按上述方法，绘制其他位置的承台，并标注相关尺寸、编号等文字说明，见图 10.1-15。

（15）绘制桩基编号表格。表格通过 LINE、OFFSET、TRIM、CHAMFER 功能命令绘制，文字说明使用 TEXT、COPY、DDEDIT 等标注，见图 10.1-16。

（16）使用 MTEXT、PLINE 等功能命令标注多行相关备注、设计说明、图名等文字，见图 10.1-17。

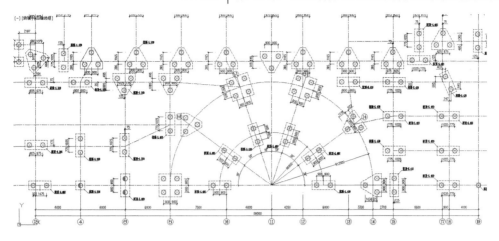

图 10.1-15 绘制其他位置的承台

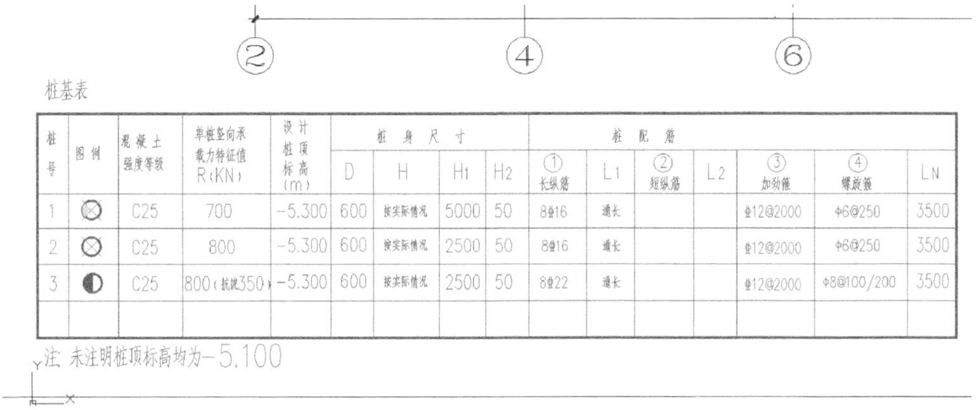

桩基表

桩号	图例	混凝土强度等级	单桩竖向承载力特征值 R（KN）	设计桩顶标高（m）	桩身尺寸				桩配筋						L N
					D	H	H1	H2	① 长纵筋	L1	② 短纵筋	L2	③ 加劲箍	④ 螺旋箍	
1	⊗	C25	700	-5.300	600	按实际情况	5000	50	8Φ16	通长			Φ12@2000	Φ6@250	3500
2	⊗	C25	800	-5.300	600	按实际情况	2500	50	8Φ16	通长			Φ12@2000	Φ6@250	3500
3	◐	C25	800（抗拔350）	-5.300	600	按实际情况	2500	50	8Φ22	通长			Φ12@2000	Φ8@100/200	3500

注 未注明桩顶标高均为-5.100

图 10.1-16 绘制桩基编号表格

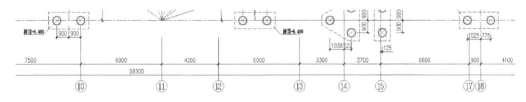

混凝土灌注桩基平面布置图

钻孔灌注桩设计说明：
1．本工程地基基础设计等级：乙级，建筑桩基设计等级：乙级。
2．本工程±0.000 相当于高程26.500m。
3．桩采用Φ600钻孔灌注桩，○-Φ600为承压桩，◐-Φ600为抗拔桩，承压桩181根，抗拔桩7根。
4．承压桩设计单桩承载力特征值、抗拔桩设计单桩抗拔力特征值详桩基表。

图 10.1-17 标注多行相关文字

（17）插入设计图框图块，完成桩基结构平面布置图，及时保存图形，供打印输出，见图 10.1-18。

10.1.2 桩基大样图 CAD 绘制强化练习

（1）本节以前述某项目的桩基大样图为例，介绍其 CAD 绘制过程中的一些方法及技巧，见图 10.1-19。

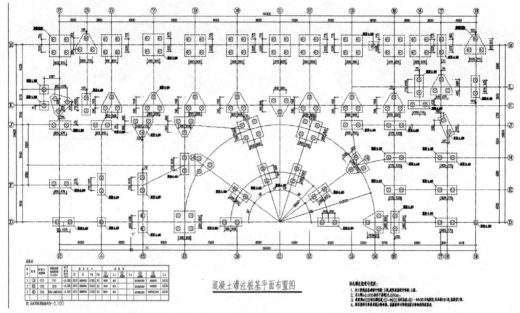

图 10.1-18　完成桩基结构平面布置图

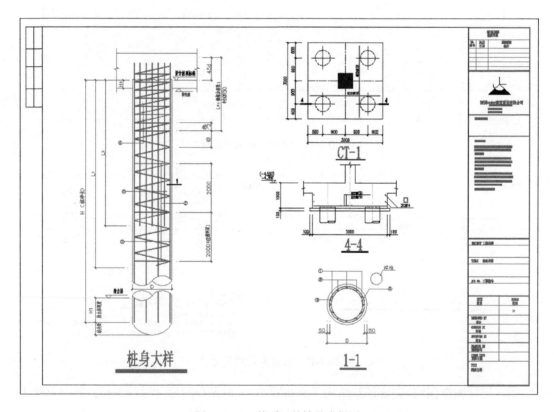

图 10.1-19　某项目的桩基大样图

（2）先绘制桩基截面轮廓，其直径 D 的大小根据大样图的比例确定，见图 10.1-20。

（3）可以先按 1:1 绘制(CIRCLE)，例如直径 800mm，然后放大（SCALE 功能命令）若干倍，例如 5 倍，直径为 4000mm，见图 10.1-21。

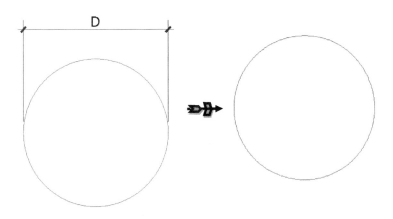

图 10.1-20 先绘制桩基截面轮廓

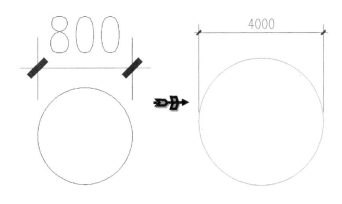

图 10.1-21 放大若干倍

（4）将 4000mm 的标注尺寸修改为 800mm 实际尺寸。单击"标准"工具栏上的"特性"图标，在弹出的"特性"对话框中"文字"一栏下方，单击"文字替代"右侧空白处，输入"800"回车确认即可，见图 10.1-22。

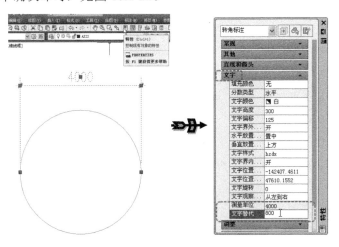

图 10.1-22 标注尺寸修改为 800mm

（5）另外可以使用比例参数方法修改。方法是在弹出的"特性"对话框中"主单位"一栏下方"标注线性比例"右侧，输入比例参数 0.2（1/5=0.2），回车确认即可，见图 10.1-23。

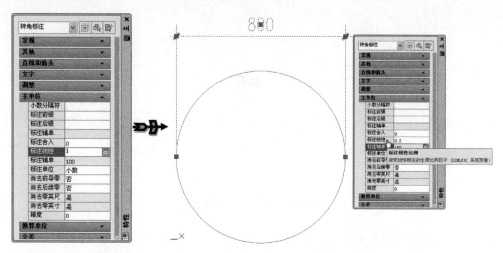

图 10.1-23　使用比例参数方法修改

（6）按使用比例参数方法修改标注尺寸，还可以使用特性匹配功能命令（MATCHPROP）对相同倍数的其他标注尺寸按相同比例快速修改，见图 10.1-24。

命令：MATCHPROP

选择源对象：

当前活动设置：颜色 图层 线型 线型比例 线宽 透明度 厚度 打印样式 标注 文字 图案填充 多段线 视口 表格材质 阴影显示 多重引线

选择目标对象或 [设置(S)]：

……

选择目标对象或 [设置(S)]：

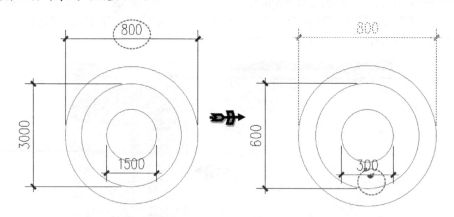

图 10.1-24　使用比例参数方法修改标注尺寸

（7）通过偏移命令（OFFSET）得到同心圆，填充（HATCH）同心圆形成内部箍筋造型轮廓，见图 10.1-25。

（8）绘制小圆形并填充（HATCH）实心图案（solid），得到桩基主筋截面造型，见图 10.1-26。

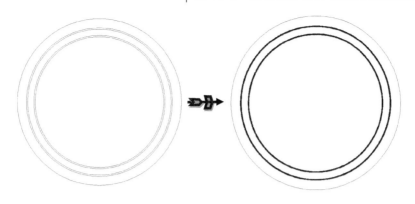

图 10.1-25　形成内部箍筋造型轮廓

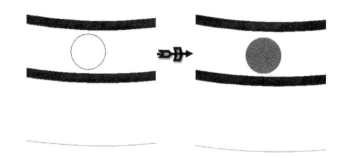

图 10.1-26　绘制桩基主筋截面

（9）按设计的数量，将主筋截面进行环形阵列（ARRAYPOLAR）快速布置桩基主筋，见图 10.1-27。

命令：ARRAYPOLAR

选择对象：指定对角点：找到 1 个

选择对象：

类型 = 极轴　关联 = 是

指定阵列的中心点或 [基点(B)/旋转轴(A)]：

输入项目数或 [项目间角度(A)/表达式(E)] <4>：12

指定填充角度(+=逆时针、-=顺时针)或 [表达式(EX)] <360>:360

按 Enter 键接受或 [关联(AS)/基点(B)/项目(I)/项目间角度(A)/填充角度(F)/行(ROW)/层(L)/旋转项目(ROT)/退出(X)] <退出>：

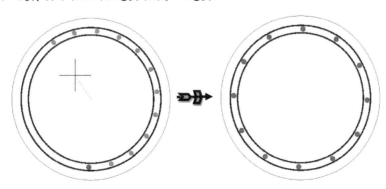

图 10.1-27　快速布置桩基主筋

（10）标注尺寸等，并将 4000 通过"特性"功能修改为符号"D"，见图 10.1-28。

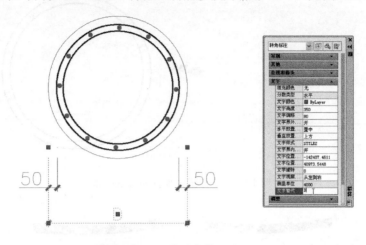

图 10.1-28 修改为符号"D"

（11）按上述方法标注其他说明文字及截面等，完成桩基截面大样图，见图 10.1-29。

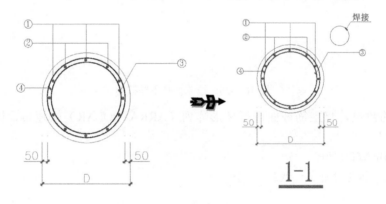

图 10.1-29 完成桩基截面大样图

（12）创建桩基桩身轮廓，其大小按设计及放大的倍数确定。其中的剖断面造型使用弧线（ARC）及进行镜像可快速得到，见图 10.1-30。

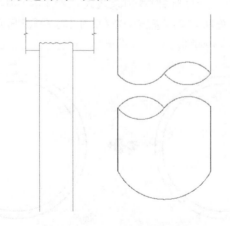

图 10.1-30 创建桩基桩身轮廓

（13）创建桩身中的主筋轮廓线。使用 PLINE 功能命令绘制有宽度的线作为主筋，绘制其中一条后其他的可以通过偏移、复制得到，剖断面处的钢筋进行剪切（TRIM）即可，见图 10.1-31。

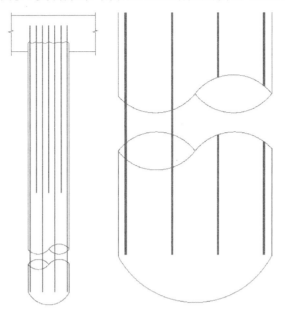

图 10.1-31　创建桩身中的主筋轮廓线

（14）主筋的箍筋绘制，使用 PLINE 绘制其中一段然后进行镜像，见图 10.1-32。

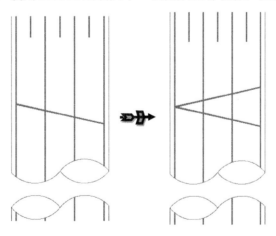

图 10.1-32　主筋的箍筋绘制

（15）其他位置钢筋通过多次复制快速得到，见图 10.1-33。

命令：COPY 找到 2 个
当前设置：　复制模式 = 多个
指定基点或 [位移(D)/模式(O)] <位移>：
指定第二个点或 [阵列(A)] <使用第一个点作为位移>：
指定第二个点或 [阵列(A)/退出(E)/放弃(U)] <退出>：
......
指定第二个点或 [阵列(A)/退出(E)/放弃(U)] <退出>：

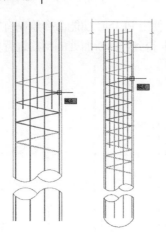

图 10.1-33　多次复制快速得到他位置箍筋

（16）进行文字、尺寸等标注，完成桩身大样图绘制，见图 10.1-34。

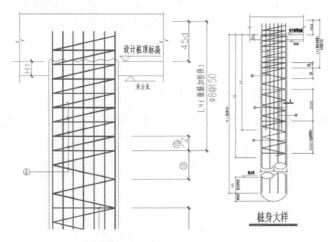

图 10.1-34　完成桩身大样图绘制

（17）承台大样图的绘制方法与前述图形类似，限于篇幅，具体绘制过程从略，读者可以自行练习，见图 10.1-35。

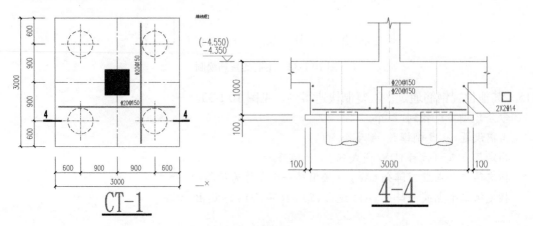

图 10.1-35　承台大样图绘制

（18）插入图框图块，将前述图形布置在图框中保存，完成桩基大样图绘制，见图 10.1-36。

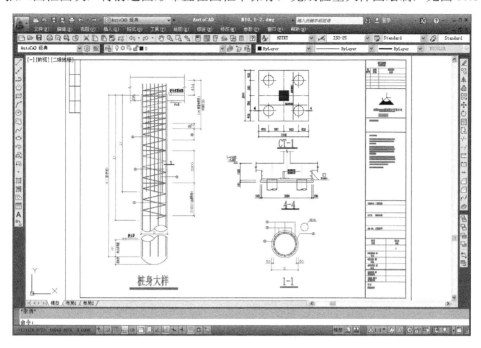

图 10.1-36 完成桩基大样图绘制

10.2 钢筋混凝土梁板柱结构 CAD 绘图技巧工程实例强化演练

本节主要强化练习有关钢筋混凝土梁板柱结构的施工图（平法施工图）CAD 绘制中的一些技巧与方法。

10.2.1 钢筋混凝土结构梁平法施工图 CAD 绘制强化练习

（1）本案例以常见某建筑标准层（6~12）梁平法施工图作为讲解案例，逐步介绍 CAD 绘图过程中的一些技巧的具体应用及操作实践，其他建筑结构梁施工图等 CAD 绘制与此类似，见图 10.2-1。

（2）调入标准层的轴线平面图，可以由建筑专业相应平面图得到，见图 10.2-2。

（3）绘制梁轮廓。按梁的宽度大小，及梁与轴线的关系，通过偏移轴线得到梁的一侧轮廓，见图 10.2-3。

命令：OFFSET
当前设置：删除源=否　图层=源　OFFSETGAPTYPE=0
指定偏移距离或 [通过(T)/删除(E)/图层(L)] <70.0000>：150
选择要偏移的对象，或 [退出(E)/放弃(U)] <退出>：
指定要偏移的那一侧上的点，或 [退出(E)/多个(M)/放弃(U)] <退出>：
选择要偏移的对象，或 [退出(E)/放弃(U)] <退出>：

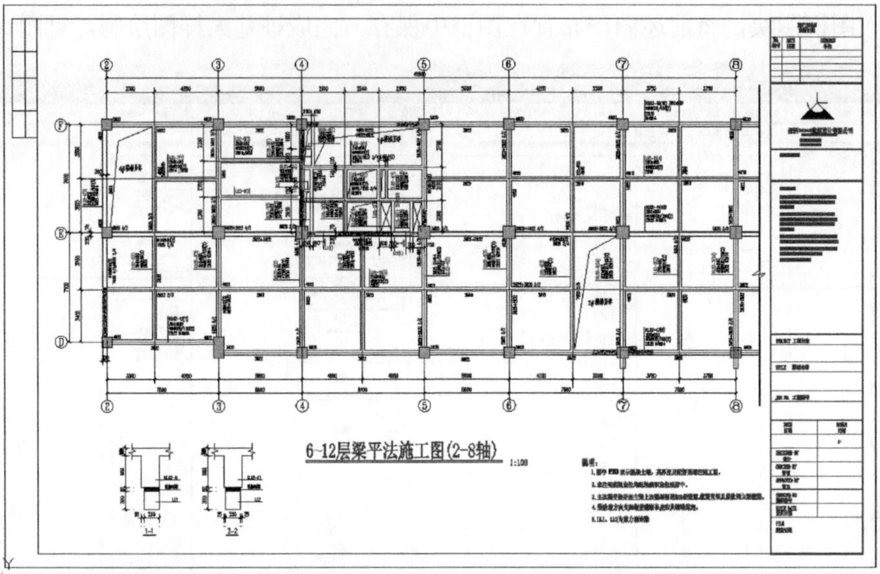

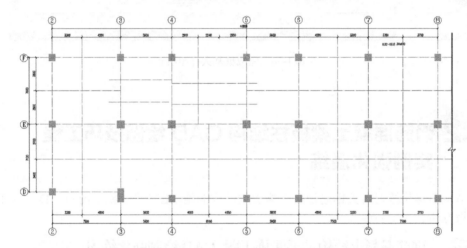

图 10.2-1　某建筑标准层（6~12）梁平法施工图

图 10.2-2　调入标准层的轴线平面图

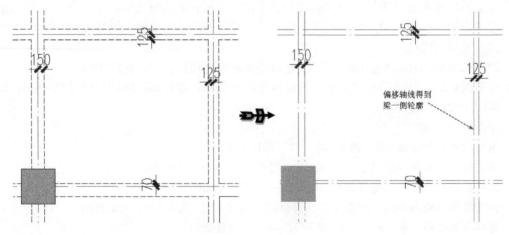

偏移轴线得到
梁一侧轮廓

图 10.2-3　绘制梁轮廓

（4）对偏移的轴线进行修剪，使用 TRIM 或 CHAMFER 功能命令快速完成，见图 10.2-4。

命令:CHAMFER

（"修剪"模式）当前倒角距离 1 = 0.0000, 距离 2 = 0.0000

选择第一条直线或 [放弃(U)/多段线(P)/距离(D)/角度(A)/修剪(T)/方式(E)/多个 (M)]: D

指定 第一个 倒角距离 <0.0000>: 0

指定 第二个 倒角距离 <0.0000>: 0

选择第一条直线或 [放弃(U)/多段线(P)/距离(D)/角度(A)/修剪(T)/方式(E)/多个 (M)]:

选择第二条直线，或按住 Shift 键选择直线以应用角点或 [距离(D)/角度(A)/方法 (M)]:

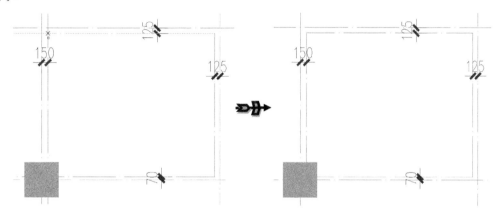

图 10.2-4　对偏移的轴线进行修剪

（5）对梁的轮廓线线型进行修改，见图 10.2-5。

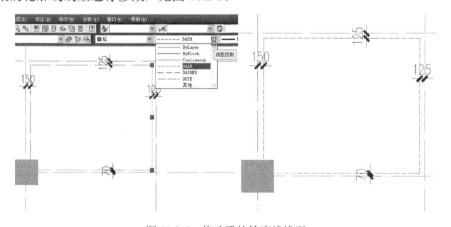

图 10.2-5　修改梁的轮廓线线型

（6）按上述方法快速绘制其他位置的梁轮廓线，对外侧梁轮廓及洞口的轮廓使用实线线型，见图 10.2-6。

（7）标注梁的配筋等文字说明。其中，各个等级的钢筋符号标注方法参见《建筑结构 CAD 绘图快速入门》一书详细论述，限于篇幅，在此从略，见图 10.2-7。

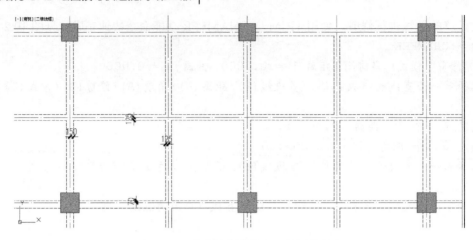

图 10.2-6　快速绘制其他位置的梁轮廓线

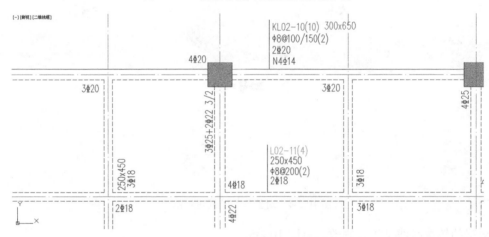

图 10.2-7　标注梁的配筋等文字说明

（8）对于标注竖直方向的钢筋等说明文字，可以先按水平方向标注，然后旋转（ROTATE）水平方向的文字快速得到，见图 10.2-8。

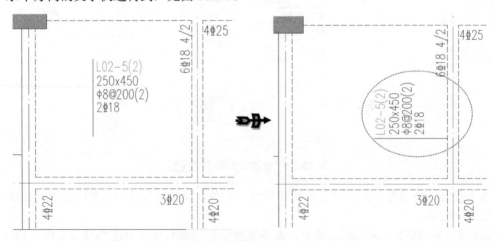

图 10.2-8　旋转得到竖直方向的文字

（9）按上述方法继续梁平法施工图绘制，见图 10.2-9。

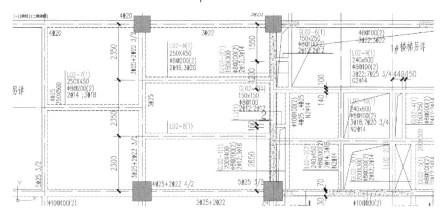

图 10.2-9 继续梁平法施工图绘制

（10）使用 PLINE、MTEXT、TEXT、SCALE 等功能命令，标注图纸名称及相关设计说明文字，见图 10.2-10。

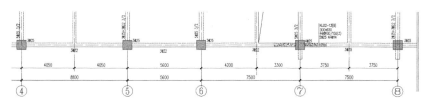

图 10.2-10 标注图纸名称及相关设计说明文字

（11）梁截面、梁结构标高表等其他相关内容的绘制读者可以自行练习，插入图框，完成梁平法施工图，保存图形，见图 10.2-11。

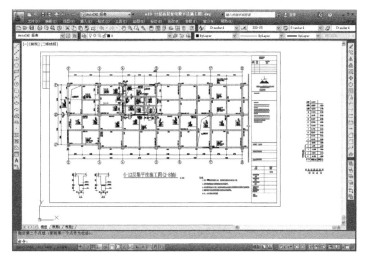

图 10.2-11 完成梁平法施工图

10.2.2 钢筋混凝土结构板配筋图 CAD 绘制强化练习

（1）本案例以常见某建筑标准层结构平面图（楼板配筋图）作为讲解案例，逐步介绍 CAD 绘图过程中的一些技巧的具体应用及操作实践。其他建筑结构梁施工图等 CAD 绘制与此类似，见图 10.2-12。

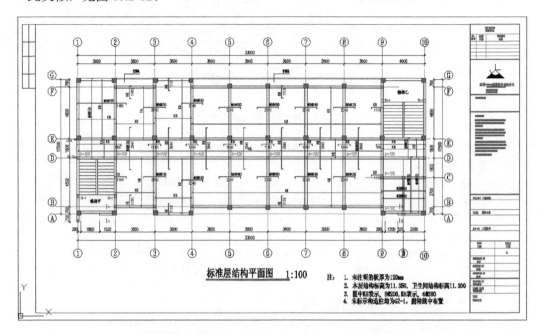

图 10.2-12　某建筑标准层结构平面图（楼板配筋图）

（2）打开建筑标准层平面图，修改后得到用于绘制楼板配筋图的底图，见图 10.2-13。

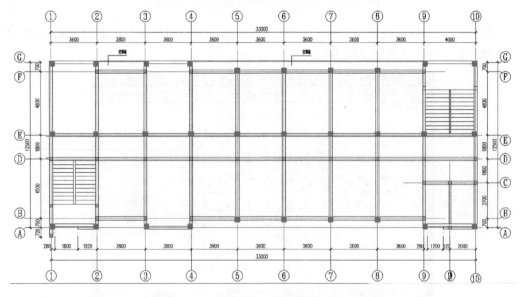

图 10.2-13　得到用于绘制楼板配筋图的底图

（3）建立相应的图层（LAYER），绘制标准层相应的楼板结构配筋图。钢筋造型使用 PLINE

命令设置一定宽度后直接绘制，见图 10.2-14。

命令：PLINE

指定起点：

当前线宽为 0.0000

指定下一个点或 [圆弧(A)/半宽(H)/长度(L)/放弃(U)/宽度(W)]：W

指定起点宽度 <0.0000>：30

指定端点宽度 <30.0000>：30

指定下一个点或 [圆弧(A)/半宽(H)/长度(L)/放弃(U)/宽度(W)]：

指定下一点或 [圆弧(A)/闭合(C)/半宽(H)/长度(L)/放弃(U)/宽度(W)]：

……

指定下一点或 [圆弧(A)/闭合(C)/半宽(H)/长度(L)/放弃(U)/宽度(W)]：

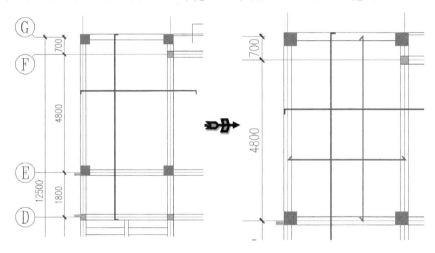

图 10.2-14　使用 PLINE 直接绘制钢筋

（4）对于钢筋造型，也可以使用 LINE、PEDIT 二者组合进行钢筋绘制，见图 10.2-15。

命令：PEDIT

选择多段线或 [多条(M)]：M

选择对象：指定对角点：找到 4 个

选择对象：指定对角点：找到 7 个（2 个重复），总计 9 个

选择对象：指定对角点：找到 6 个（2 个重复），总计 13 个

选择对象：

是否将直线、圆弧和样条曲线转换为多段线？[是(Y)/否(N)]？<Y> Y

输入选项 [闭合(C)/打开(O)/合并(J)/宽度(W)/拟合(F)/样条曲线(S)/非曲线化(D)/线型生成(L)/反转(R)/放弃(U)]：W

指定所有线段的新宽度：30

输入选项 [闭合(C)/打开(O)/合并(J)/宽度(W)/拟合(F)/样条曲线(S)/非曲线化(D)/线型生成(L)/反转(R)/放弃(U)]：

（5）楼板钢筋的长度可以通过 STRETCH 命令快速调整，见图 10.2-16。

命令：STRETCH

以交叉窗口或交叉多边形选择要拉伸的对象...

选择对象：指定对角点：找到 5 个

选择对象：

指定基点或 [位移(D)] <位移>：

指定第二个点或 <使用第一个点作为位移>：

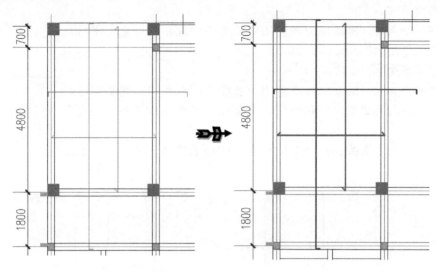

图 10.2-15 使用 LINE、PEDIT 二者组合绘制钢筋

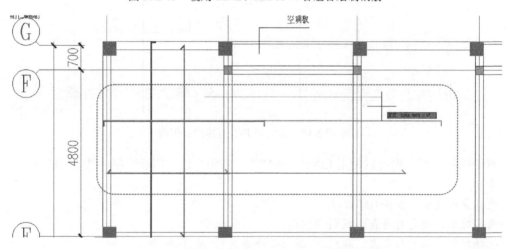

图 10.2-16 通过 STRETCH 命令快速调整长度

（6）标注钢筋编号及配筋数量等文字说明，侧向的文字可以通过旋转水平方向的文字快速得到，其中，各个等级的钢筋符号标注方法参见《建筑结构 CAD 绘图快速入门》一书详细论述，限于篇幅，在此从略，见图 10.2-17。

命令：TEXT

当前文字样式： "Standard" 文字高度：2.5000 注释性：否

指定文字的起点或 [对正(J)/样式(S)]：

指定高度 <2.5000>：400

指定文字的旋转角度 <0>：0

（7）按上述方法绘制其他位置的楼板配筋图，见图 10.2-18。

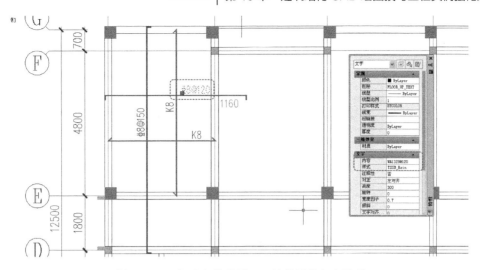

图 10.2-17　标注钢筋编号及配筋数量等文字说明

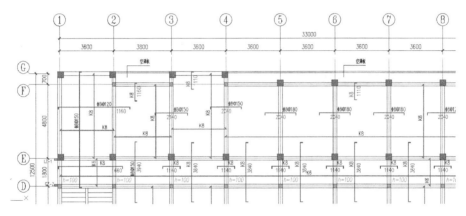

图 10.2-18　绘制其他位置的楼板配筋图

（8）标注图名、相关设计说明等。楼板配筋结构图其他相关内容按设计确定进行绘制即可，见图 10.2-19。

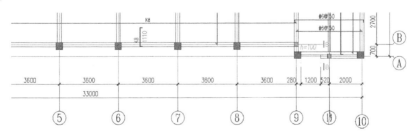

标准层结构平面图　1:100

注：
　　1. 未注明的板厚为120mm
　　2. 本层结构标高为11.350，卫生间结构标高11.300
　　3. 图中K8表示，8@200，K6表示，6@200
　　4. 未标示构造柱均为GZ-1，据轴线中布置

图 10.2-19　标注图名、相关设计说明等

（9）插入图框，完成标准层结构平面图，保存标准层结构平面图（标准层楼板配筋图），见图 10.2-20。

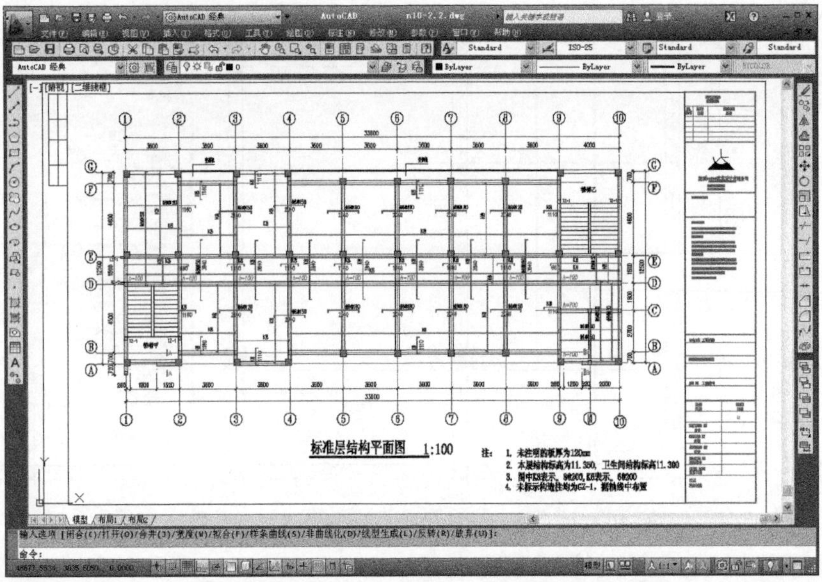

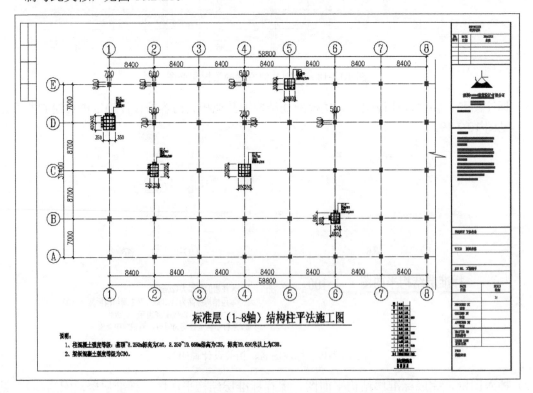

图 10.2-20　完成标准层结构平面图

10.2.3 钢筋混凝土结构柱平法施工图 CAD 绘制强化练习

（1）本案例以常见某建筑标准层柱结构（1~8 轴部分）平法施工图作为讲解案例，逐步介绍 CAD 绘图过程中的一些技巧的具体应用及操作实践，其他建筑结构柱施工图等 CAD 绘制与此类似，见图 10.2-21。

图 10.2-21　某建筑标准层柱结构（1~8 轴部分）平法施工图

（2）由建筑专业提供的标准层平面图修改得到绘制柱结构施工图的底图，见图 10.2-22。

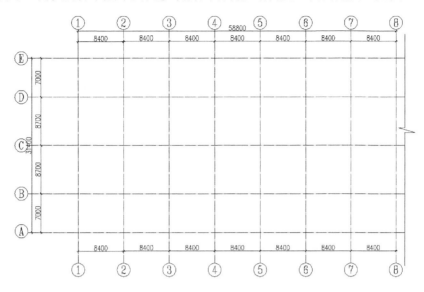

图 10.2-22　修改得到绘制柱结构施工图的底图

（3）按设计确定的结构柱的截面大小、类型及位置等进行结构柱平面布置，见图 10.2-23。

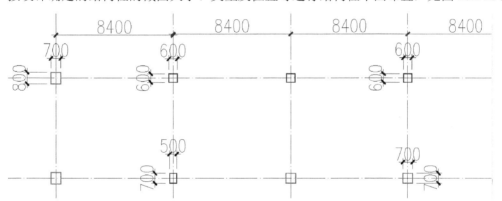

图 10.2-23　进行结构柱平面布置

（4）可以对结构柱的轮廓进行图案填充为实心（SOLID）的，见图 10.2-24。

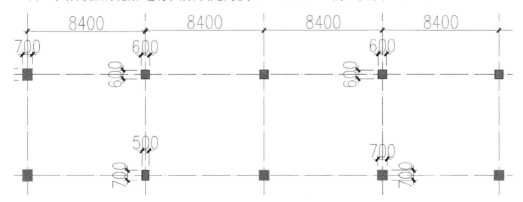

图 10.2-24　填充实心图案

（5）按放大若干倍数的大样图比例大小（例如 3 倍），绘制结构柱（KZ-1,800mm×700mm），可以使用 CHAMFER、STRETCH 等命令进行修改，见图 10.2-25。

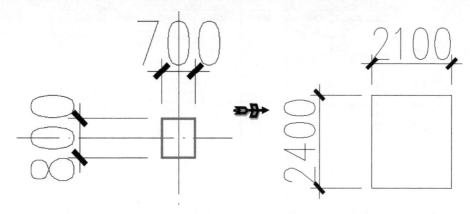

图 10.2-25　按放大若干倍数的大样图比例大小

（6）然后通过偏移（OFFSET）快速得到箍筋轮廓，并连接对角线，偏移生成弯钩箍筋轮廓，偏移距离按钢筋保护层大小，见图 10.2-26。

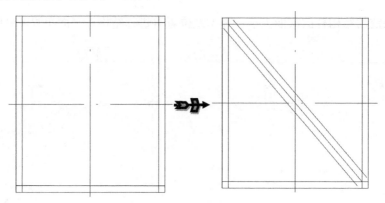

图 10.2-26　偏移快速得到箍筋轮廓

（7）进行倒圆角（FILLET），注意设置合适的倒圆角半径大小，注意创建箍筋弯钩处的倒圆角顺序，见图 10.2-27。

命令：FILLET

当前设置：模式 = 修剪，半径 = 0.0000

选择第一个对象或 [放弃(U)/多段线(P)/半径(R)/修剪(T)/多个(M)]：R

指定圆角半径 <0.0000>：100

选择第一个对象或 [放弃(U)/多段线(P)/半径(R)/修剪(T)/多个(M)]：

选择第二个对象，或按住 Shift 键选择对象以应用角点或 [半径(R)]：

（8）在箍筋弯钩处绘制短直线后进行剪切（TRIM），然后删除（ERASE）多余线条，快速得到弯钩造型，见图 10.2-28。

（9）对箍筋钢筋线条进行加粗，使用 PEDIT 功能命令快速实现，见图 10.2-29。

命令：PEDIT

选择多段线或 [多条(M)]：M

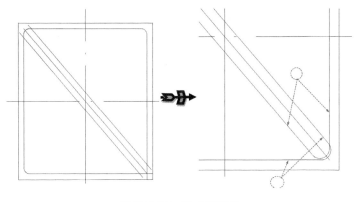

图 10.2-27　进行倒圆角

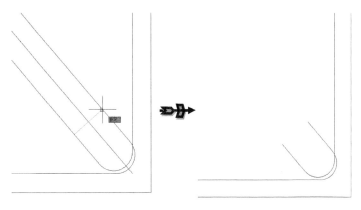

图 10.2-28　进行剪切

选择对象：指定对角点：找到 11 个

选择对象：

是否将直线、圆弧和样条曲线转换为多段线？[是(Y)/否(N)]？ <Y> Y

输入选项 [闭合(C)/打开(O)/合并(J)/宽度(W)/拟合(F)/样条曲线(S)/非曲线化(D)/线型生成(L)/反转(R)/放弃(U)]：W

指定所有线段的新宽度：30

输入选项 [闭合(C)/打开(O)/合并(J)/宽度(W)/拟合(F)/样条曲线(S)/非曲线化(D)/线型生成(L)/反转(R)/放弃(U)]：

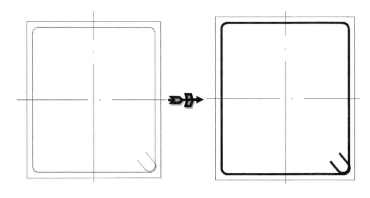

图 10.2-29　对箍筋钢筋线条进行加粗

（10）若要使箍筋轮廓连接为一体的线条，也可以使用 PEDIT 命令合并功能快速实现，见图 10.2-30。

命令：PEDIT

选择多段线或 [多条(M)]：M

选择对象：指定对角点：找到 11 个

选择对象：

输入选项 [闭合(C)/打开(O)/合并(J)/宽度(W)/拟合(F)/样条曲线(S)/非曲线化 (D)/线型生成(L)/反转(R)/放弃(U)]：J

合并类型 = 延伸

输入模糊距离或 [合并类型(J)] <0.0000>：0

多段线已增加 10 条线段

输入选项 [闭合(C)/打开(O)/合并(J)/宽度(W)/拟合(F)/样条曲线(S)/非曲线化 (D)/线型生成(L)/反转(R)/放弃(U)]：

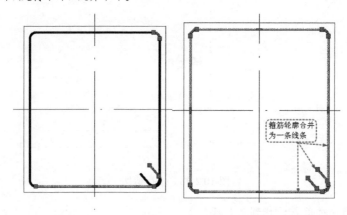

图 10.2-30　使用 PEDIT 命令合并

（11）结构柱的其他箍筋钢筋造型按上述方法快速绘制，见图 10.2-31。

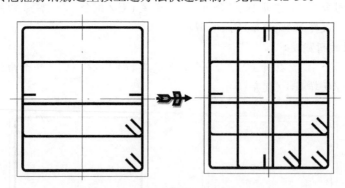

图 10.2-31　绘制其他箍筋钢筋造型

（12）结构柱的主筋截面通过小圆形填充实心图案，复制、镜像（CIRCLE、HATCH、COPY、MIRROR 等功能命令）快速得到，见图 10.2-32。

（13）标注结构柱的定位尺寸、配筋、名称等文字，其中，各个等级的钢筋符号标注方法参见《建筑结构 CAD 绘图快速入门》一书详细论述，限于篇幅，在此从略，见图 10.2-33。

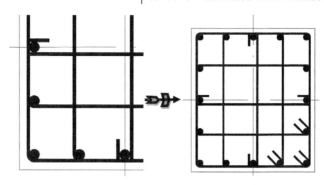

图 10.2-32 绘制结构柱的主筋截面

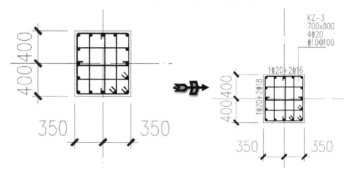

图 10.2-33 标注结构柱的定位尺寸等

（14）按上述方法继续进行其他不同大小的结构柱的配筋图绘制，见图 10.2-34。

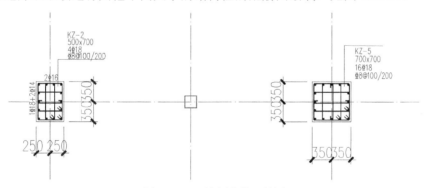

图 10.2-34 绘制其他配筋图

（15）标注图名、说明等文字，见图 10.2-35。

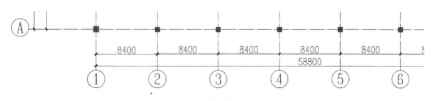

标准层（1~8轴）结构柱平法施工图

说明：
1. 柱混凝土强度等级：基顶~8.250m标高为C40，8.250~19.650m标高为C35，标高19.650米以上为C30。
2. 梁板混凝土强度等级为C30。

图 10.2-35 标注图名、说明等文字

（16）其他更多内容按建筑结构设计计算的内容进行绘制即可。插入图框，保存图形文件。完成该结构图绘制，见图 10.2-36。

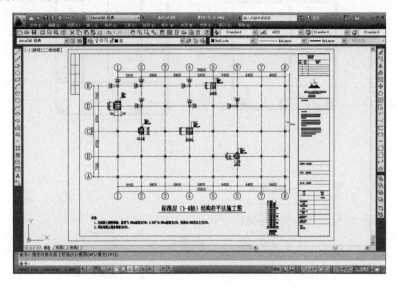

图 10.2-36　完成柱结构平法施工图绘制

10.3 建筑楼梯结构 CAD 绘图技巧工程实例强化演练 <<<<

本节主要强化练习有关建筑楼梯结构施工图 CAD 绘制中的一些技巧与方法，本案例以常见的某建筑楼梯结构图作为讲解案例，逐步介绍 CAD 绘图过程中的一些技巧的具体应用及操作实践，见图 10.3-1。其他建筑楼梯结构图绘制与此类似。

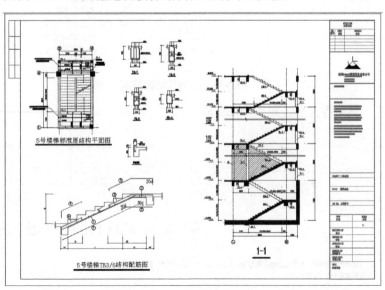

图 10.3-1　某建筑楼梯结构图

10.3.1　建筑楼梯结构平面图 CAD 绘制强化练习

（1）建筑楼梯的结构平面图由建筑专业提供，修改后可直接使用与绘制楼梯结构平面图，见图 10.3-2。

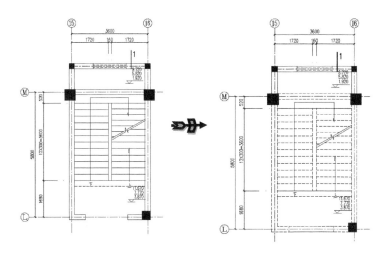

图 10.3-2　楼梯结构平面底图

（2）建筑楼梯结构的剖面图也是由建筑专业提供，修改后可直接使用，见图 10.3-3。

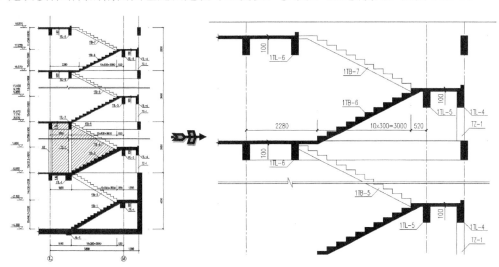

图 10.3-3　建筑楼梯结构的剖面图

（3）使用 PLINE 功能命令，设置一定宽度绘制楼梯平台板配筋图，见图 10.3-4。

（4）标注平台板配筋数量，其中，各个等级的钢筋符号标注方法参见《建筑结构 CAD 绘图快速入门》一书详细论述，限于篇幅，在此从略，见图 10.3-5。

（5）按上述方法绘制另外一端的楼梯平台板配筋图，见图 10.3-6。

10.3.2　建筑楼梯结构剖面图 CAD 绘制强化练习

（1）本节主要论述 10.3.1 节楼梯的相关结构剖面图绘制方法与技巧。先按设计确定的尺寸绘制楼梯梯段梁截面轮廓，见图 10.3-7。

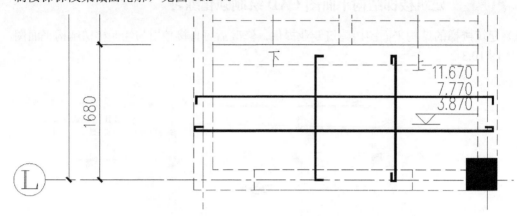

图 10.3-4　绘制楼梯平台板配筋图

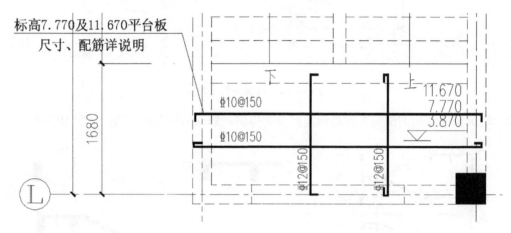

图 10.3-5　标注平台板配筋数量

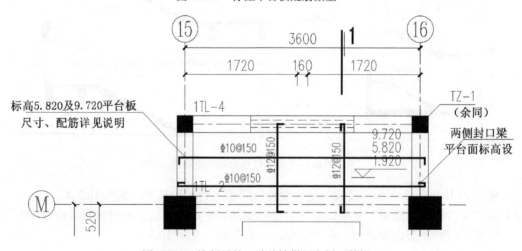

图 10.3-6　绘制另外一端的楼梯平台板配筋图

（2）绘制截面箍筋造型。先按梁截面大小绘制一个矩形作为辅助图形，然后偏移快速得到箍筋轮廓，见图 10.3-8。

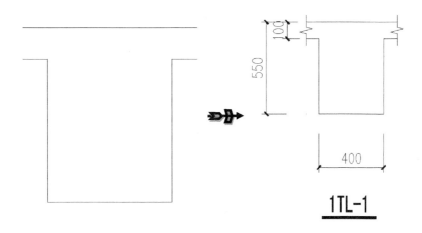

图 10.3-7 绘制楼梯梯段梁截面轮廓

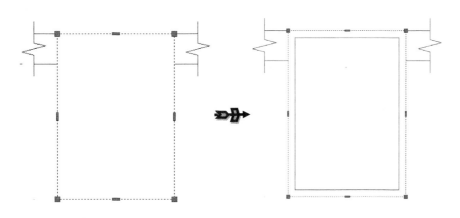

图 10.3-8 绘制截面箍筋造型

（3）将轮廓加粗（PEDIT 功能命令），并删除辅助图形，同样方法绘制中间的箍筋造型，见图 10.3-9。

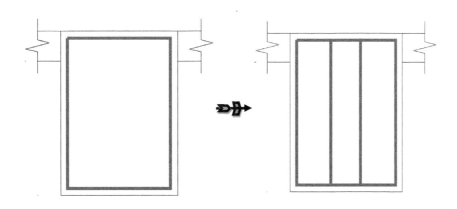

图 10.3-9 将轮廓加粗并绘制中间的箍筋

（4）使用 PLINE、OFFSET 命令绘制两段短平行粗线，然后旋转即可快速得到弯钩造型。再使用 CIRCLE、HATCH、COPY 等命令绘制梁主筋的小圆形截面，见图 10.3-10。

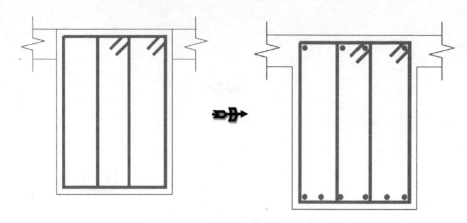

图 10.3-10　绘制梁主筋的小圆形截面

（5）标注梁截面箍筋等文字尺寸，其他梯段梁按上述方法绘制即可，见图 10.3-11。

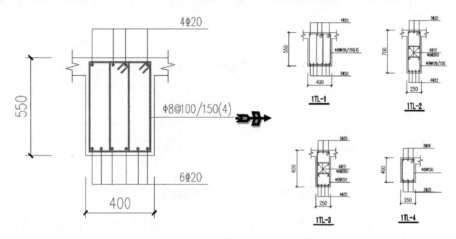

图 10.3-11　标注梁截面箍筋等文字尺寸

（6）建筑楼梯梯段板结构的剖面图也是由建筑专业提供，修改后可直接使用，见图 10.3-12。

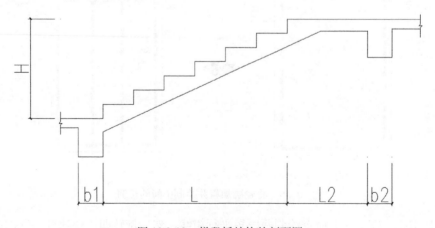

图 10.3-12　梯段板结构的剖面图

（7）偏移梯段板剖面图中的轮廓，得到楼梯梯段板的部分受力钢筋轮廓，见图 10.3-13。

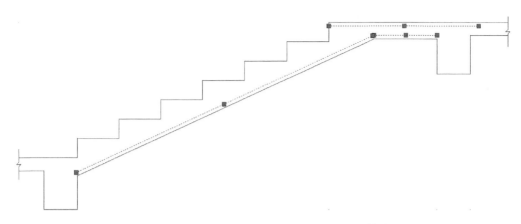

图 10.3-13　偏移得到楼梯梯段板的部分受力钢筋轮廓

（8）楼梯梯段板的部分受力钢筋长度使用 LENGTHEN 或 STRETCH 功能命令调整，见图 10.3-14。

命令：LENGTHEN

选择对象或 [增量(DE)/百分数(P)/全部(T)/动态(DY)]：

当前长度：15531.0762

选择对象或 [增量(DE)/百分数(P)/全部(T)/动态(DY)]：DY

选择要修改的对象或 [放弃(U)]：

指定新端点：

选择要修改的对象或 [放弃(U)]：

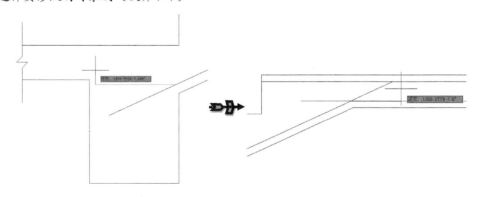

图 10.3-14　调整长度

（9）按上述方法绘制另外位置的楼梯梯段板的部分受力钢筋轮廓，见图 10.3-15。

（10）使用 PEDIT 功能命令将楼梯梯段板的受力钢筋轮廓加粗即可，见图 10.3-16。

命令：PEDIT

选择多段线或 [多条(M)]：M

选择对象：指定对角点：找到 3 个

选择对象：指定对角点：找到 3 个 (2 个重复)，总计 4 个

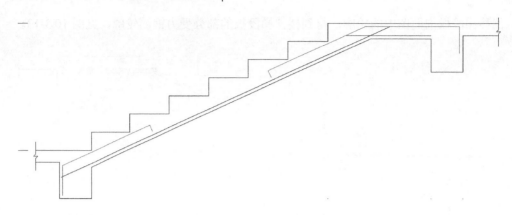

图 10.3-15　绘制另外位置的梯段板受力钢筋轮廓

选择对象：找到 1 个，总计 5 个

选择对象：找到 1 个，总计 6 个

选择对象：找到 1 个，总计 7 个

选择对象：指定对角点：找到 2 个，总计 9 个

选择对象：

是否将直线、圆弧和样条曲线转换为多段线？[是(Y)/否(N)]？<Y> Y

输入选项 [闭合(C)/打开(O)/合并(J)/宽度(W)/拟合(F)/样条曲线(S)/非曲线化(D)/线型生成(L)/反转(R)/放弃(U)]：W

指定所有线段的新宽度：50

输入选项 [闭合(C)/打开(O)/合并(J)/宽度(W)/拟合(F)/样条曲线(S)/非曲线化(D)/线型生成(L)/反转(R)/放弃(U)]：

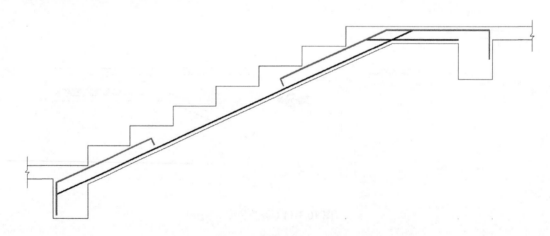

图 10.3-16　将楼梯梯段板的受力钢筋轮廓加粗

（11）绘制楼梯梯段板分布筋截面轮廓，通过复制提取钢筋造型到外侧空白位置供进行标注说明使用，见图 10.3-17。

（12）进行钢筋配筋、编号、尺寸等文字标注，见图 10.3-18。

（13）进行图纸布局布置，插入图框完成楼梯结构图绘制，见图 10.3-19。

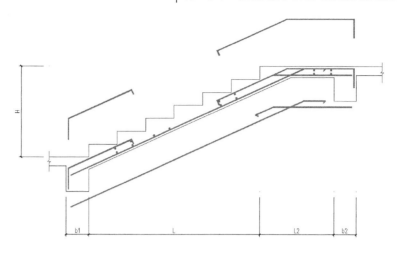

图 10.3-17　复制提取钢筋造型

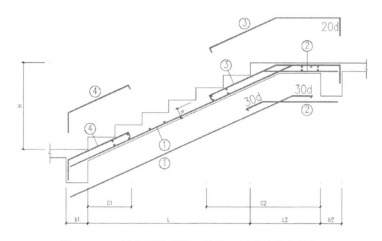

图 10.3-18　进行钢筋配筋、编号、尺寸等文字标注

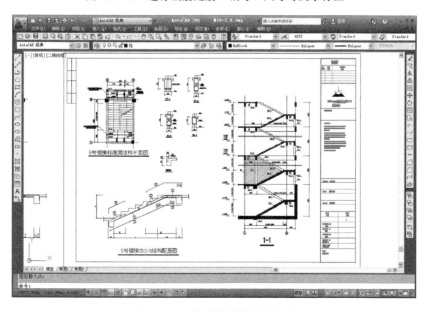

图 10.3-19　完成楼梯结构图绘制

10.4 建筑消防水池结构 CAD 绘图技巧工程实例强化演练

本节主要强化练习有关建筑消防水池结构图 CAD 绘制中的一些技巧与方法。本案例以常见的某建筑消防水池结构图作为讲解案例，逐步介绍其 CAD 绘图过程中的一些技巧的具体应用及操作实践，见图 10.4-1。其他建筑构筑物的结构施工图等 CAD 绘制与此类似。

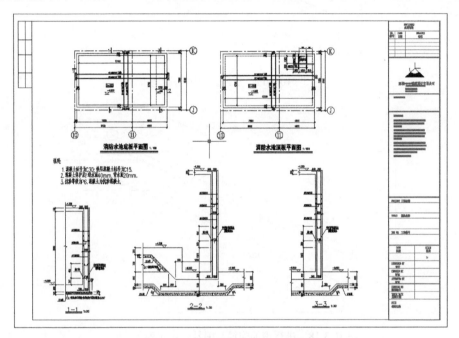

图 10.4-1　某建筑消防水池结构图

10.4.1　消防水池结构平面图 CAD 绘制强化练习

（1）按建筑结构设计计算的消防水池的底板大小绘制其平面轮廓，也可以使用建筑专业平面图修改得到，见图 10.4-2。

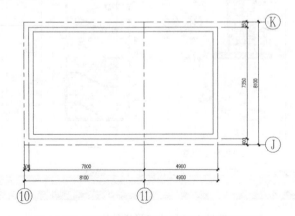

图 10.4-2　修改得到消防水池的底板平面底图

（2）使用 PLINE 命令或 LINE 与 PEDIT 命令组合使用绘制钢筋造型，其中，各个等级的钢筋符号标注方法参见《建筑结构 CAD 绘图快速入门》一书，限于篇幅，在此从略，见图 10.4-3。

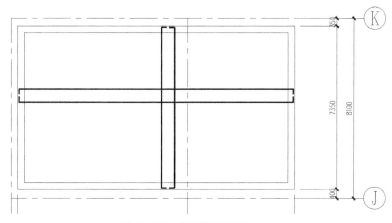

图 10.4-3　绘制钢筋造型

（3）标注钢筋配筋、尺寸、截面符号、图名等文字说明，见图 10.4-4。

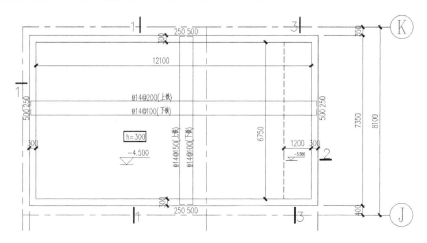

图 10.4-4　标注钢筋配筋等

（4）消防水池的顶板结构平面图的绘制与底板结构平面图相同，见图 10.4-5。

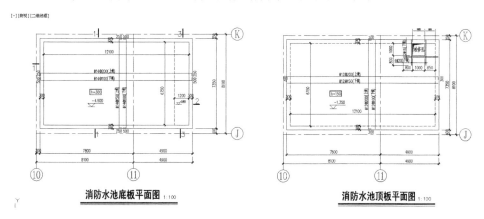

图 10.4-5　绘制消防水池的顶板结构平面图

:::: **10.4.2** 消防水池结构剖面图 CAD 绘制强化练习

（1）本节以 10.4.1 节的消防水池墙体结构截面大样图为例，介绍其 CAD 绘制方法，见图 10.4-6。

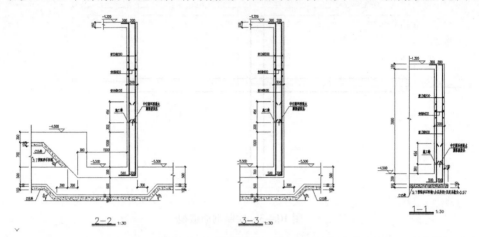

图 10.4-6　消防水池墙体结构截面大样图

（2）以 3－3 截面进行案例讲解。先按建筑结构计算确定的尺寸构造，绘制底板基础结构轮廓线，见图 10.4-7。

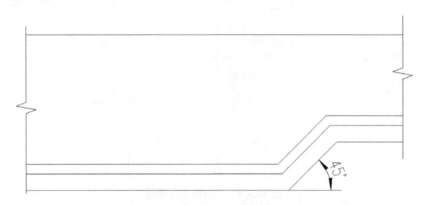

图 10.4-7　绘制底板基础结构轮廓线

（3）填充垫层混凝土图案（HATCH 功能命令），见图 10.4-8。

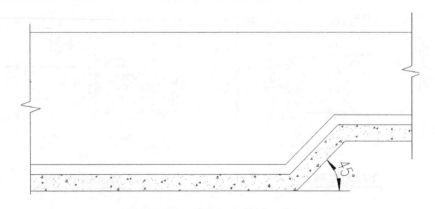

图 10.4-8　填充垫层混凝土图案

（4）绘制水池外墙墙体轮廓线，见图 10.4-9。

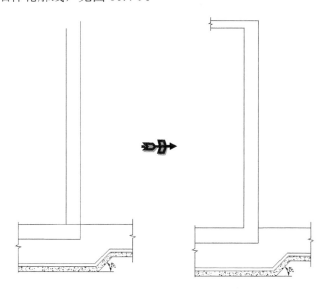

图 10.4-9 绘制水池外墙墙体轮廓线

（5）偏移墙体轮廓线得到墙体钢筋轮廓，然后通过 PEDIT 命令进行线条粗线修改即可，见图 10.4-10。

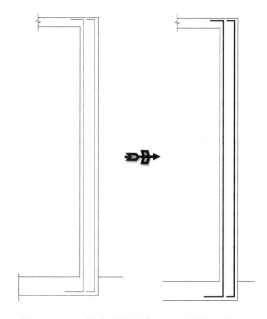

图 10.4-10 偏移墙体轮廓线得到墙体钢筋

（6）创建水池墙体水平方向受力钢筋的截面轮廓（使用 CIRCLE、HATCH、COPY、MIRROR、TRIM、ROTATE 等命令）及竖直方向钢筋的搭接连接接头造型，见图 10.4-11。

（7）进行尺寸、构造做法、钢筋配筋等文字标注，见图 10.4-12。

（8）按上述方法绘制消防水池另外两个截面大样图（1—1 截面、2—2 截面），见图 10.4-13。

（9）标注图名、设计说明等，插入图框进行图形布置，完成该消防水池结构施工图绘制，见图 10.4-14。

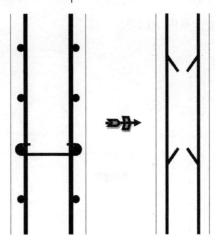

图 10.4-11 创建水池墙体受力钢筋的截面及接头造型

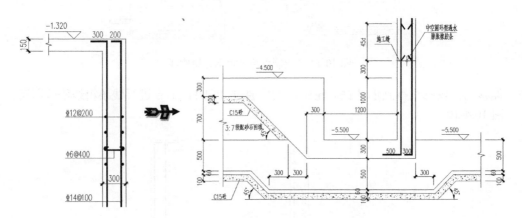

图 10.4-12 进行消防水池尺寸等文字标注

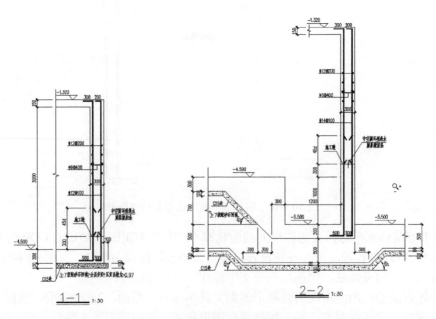

图 10.4-13 绘制另外两个截面大样图

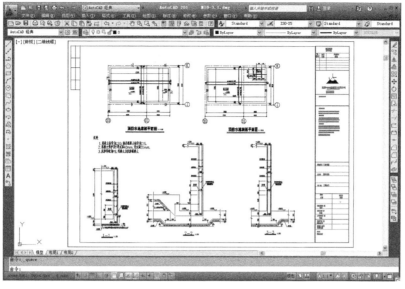

图 10.4-14　完成消防水池结构施工图绘制

10.5 建筑钢结构 CAD 绘图技巧工程实例强化演练

　　本节主要强化练习有关建筑钢结构施工图 CAD 绘制中的一些技巧与方法。本案例以常见的某建筑钢结构平面布置图、钢结构节点大样图作为讲解案例，逐步介绍其 CAD 绘图过程中的一些技巧的具体应用及操作实践，见图 10.5-1。其他建筑钢结构施工图、钢结构节点大样图等绘制与此类似。

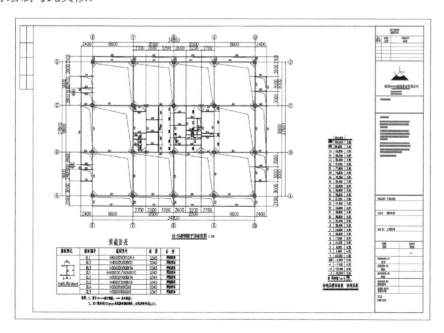

图 10.5-1　某建筑钢结构平面布置图

10.5.1 建筑钢结构平面布置图 CAD 绘制强化练习

（1）按建筑专业的平面图进行修改，得到轴网图，见图 10.5-2。

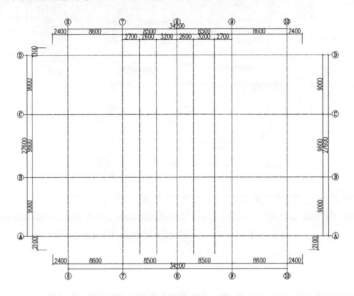

图 10.5-2　修改得到轴网图

（2）按工程建筑及结构设计计算确定的结构柱（此处为劲性混凝土结构柱子）进行绘制布置。使用 LINE、RECTANG、OFFSET、COPY、MOVE、PLINE、HATCH、DIMLINEAR 等功能命令绘制即可，见图 10.5-3。

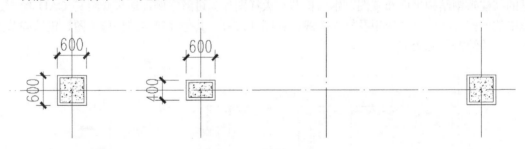

图 10.5-3　绘制布置结构柱

（3）按上述方法布置完成全部结构柱子轮廓，见图 10.5-4。

（4）使用 PLINE 功能命令，设置合适的宽度绘制钢梁（主梁）轮廓线，见图 10.5-5。

命令：PLINE
指定起点：
当前线宽为 10.0000
指定下一个点或 [圆弧(A)/半宽(H)/长度(L)/放弃(U)/宽度(W)]：W
指定起点宽度 <100.0000>：150
指定端点宽度 <150.0000>：150
指定下一个点或 [圆弧(A)/半宽(H)/长度(L)/放弃(U)/宽度(W)]：
指定下一点或 [圆弧(A)/闭合(C)/半宽(H)/长度(L)/放弃(U)/宽度(W)]：

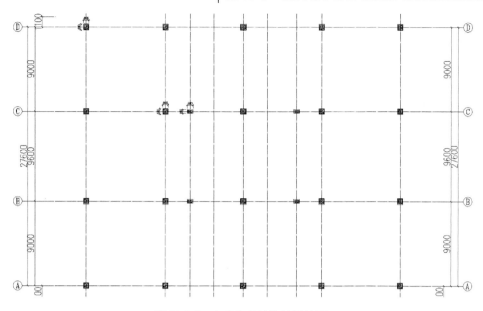

图 10.5-4　完成全部结构柱子轮廓

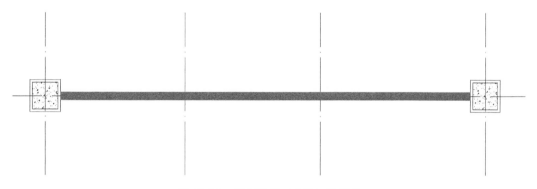

图 10.5-5　绘制钢梁（主梁）轮廓线

（5）使用 STRETCH 或 LENGTHEN 功能命令对钢梁（主梁）轮廓长度进行调整，见图 10.5-6。

命令：STRETCH

以交叉窗口或交叉多边形选择要拉伸的对象...

选择对象：指定对角点：找到 3 个

选择对象：

指定基点或 ［位移(D)］ <位移>：

指定第二个点或 <使用第一个点作为位移>：150

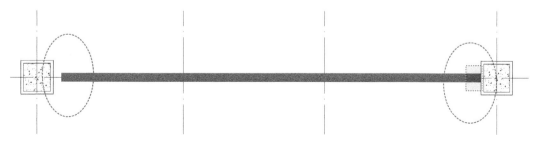

图 10.5-6　对钢梁（主梁）轮廓长度进行调整

（6）使用 PLINE 命令绘制钢梁端头梯形轮廓线，见图 10.5-7。

命令：PLINE
指定起点：
当前线宽为 150.0000
指定下一个点或 [圆弧(A)/半宽(H)/长度(L)/放弃(U)/宽度(W)]：W
指定起点宽度 <150.0000>：450
指定端点宽度 <450.0000>：150
指定下一个点或 [圆弧(A)/半宽(H)/长度(L)/放弃(U)/宽度(W)]：300
指定下一点或 [圆弧(A)/闭合(C)/半宽(H)/长度(L)/放弃(U)/宽度(W)]：

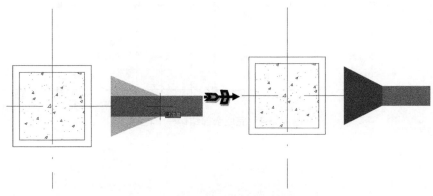

图 10.5-7　绘制钢梁端头梯形轮廓线

（7）另外一端造型通过进行镜像（MIRROR）快速得到，镜像中心点为直线中心，见图 10.5-8。

命令：MIRROR 找到 1 个
指定镜像线的第一点：
指定镜像线的第二点：
要删除源对象吗？[是(Y)/否(N)] <N>：N

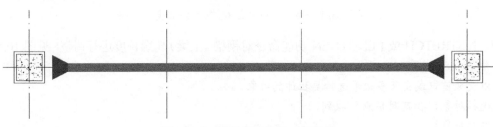

图 10.5-8　镜像得到另外一端造型

（8）对水平方向的钢梁（主梁）造型通过复制（COPY）进行快速布置。复制基点及定位点可以选择各个尺寸线中点位置，见图 10.5-9。

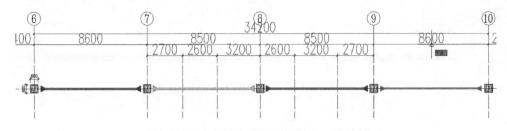

图 10.5-9　通过复制进行钢梁快速布置

（9）对轴间距差别较大的地方，可以使用 STRETCH 命令进行快速调整钢梁（主梁）得到合适的长度，见图 10.5-10。

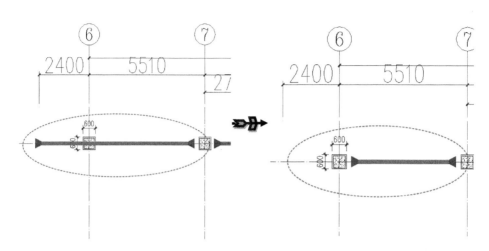

图 10.5-10 快速调整钢梁（主梁）得到合适的长度

（10）对竖直方向的钢梁（主梁）轮廓线，通过夹点编辑功能旋转复制得到。先选择钢梁轮廓并单击其中点位置蓝色夹点，再单击右键，在弹出的快捷菜单中选择"旋转"命令，见图 10.5-11。

命令：

** 拉伸 **

指定拉伸点：_ROTATE

** 旋转 **

指定旋转角度或 [基点(B)/复制(C)/放弃(U)/参照(R)/退出(X)]：C

** 旋转（多重）**

指定旋转角度或 [基点(B)/复制(C)/放弃(U)/参照(R)/退出(X)]：

** 旋转（多重）**

指定旋转角度或 [基点(B)/复制(C)/放弃(U)/参照(R)/退出(X)]：

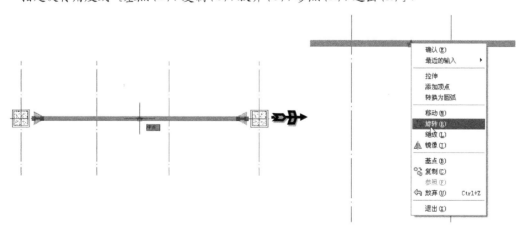

图 10.5-11 弹出快捷菜单选择"旋转"命令

（11）移动（MOVE）钢梁（主梁）到合适的位置，见图 10.5-12。

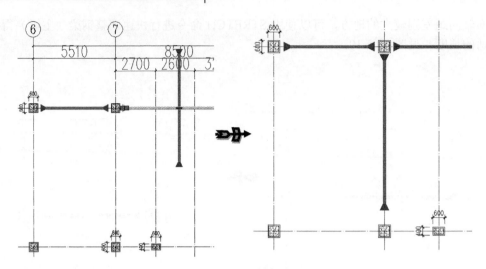

图 10.5-12　移动钢梁（主梁）

（12）使用 STRETCH 进行钢梁（主梁）长度调整即可，见图 10.5-13。

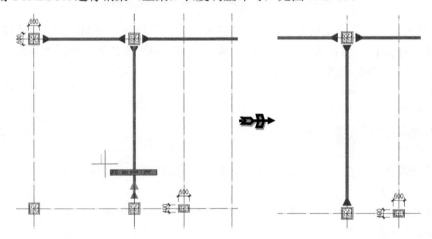

图 10.5-13　进行钢梁（主梁）长度调整

（13）按上述方法进行其他位置的钢梁（主梁）布置及绘制，见图 10.5-14。

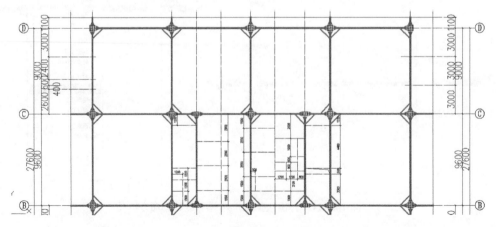

图 10.5-14　进行其他位置的钢梁（主梁）布置及绘制

（14）其他钢梁（次梁）的绘制方法也类似，其绘制过程限于篇幅，在此从略，读者可以自行
　　　练习其绘制，见图 10.5-15。

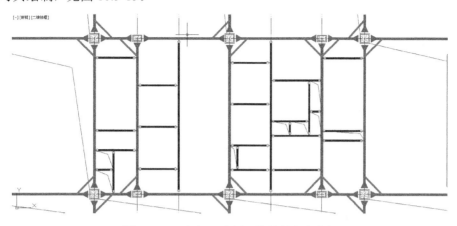

图 10.5-15　钢梁（次梁）的绘制方法类似

（15）进行钢梁编号，标注尺寸、图名等文字说明，见图 10.5-16。

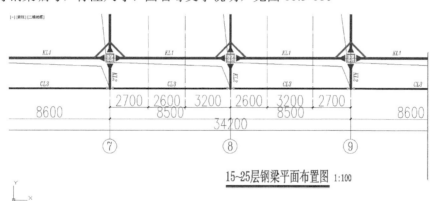

图 10.5-16　进行钢梁编号

（16）绘制钢梁截面表格。该钢梁截面表格使用 LINE、OFFSET、CHAMFER、TRIM、TEXT、
　　　MTEXT、COPY、MOVE、SCALE 等命令快速绘制即可，见图 10.5-17。

梁截面表

截面形式	截面编号	截面型号	材　质	备　注
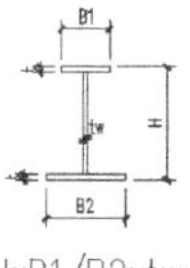	KL1	H650X240X10X14	Q345	焊接型钢
	KL2	H400X200X8X12	Q345	焊接型钢
	KL3	H500X200X8X14	Q345	焊接型钢
	CL1	H400X120/150X8X10	Q345	焊接型钢
	CL2	H500X200X8X14	Q345	焊接型钢
HxB1/B2xtwxt	CL3	H400X120X8X10	Q345	焊接型钢
	CL4	H200X100X5X8	Q345	焊接型钢
	CL5	H300X100X6X8	Q345	焊接型钢

说明：1、图中 ▶━◀ 表示刚接；━● 表示铰接；

　　　2、本工程采用100mm厚现浇钢筋砼楼板，砼强度等级为C30。

图 10.5-17　绘制钢梁截面表格

（17）编制结构楼层标高、层高表。该结构楼层标高表格使用 LINE、OFFSET、CHAMFER、TRIM、TEXT、MTEXT、COPY、MOVE、SCALE 等命令快速绘制即可，见图 10.5-18。

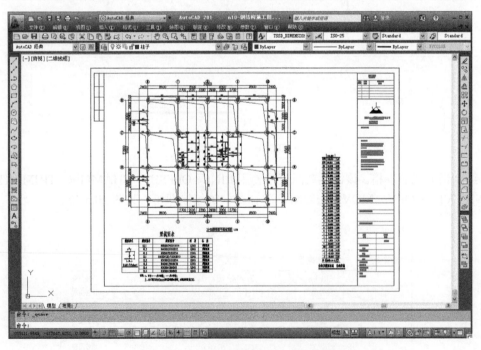

层 号	标高（m）	层高（m）
11	39.800	3.80
10	36.000	3.80
9	32.200	3.80
8	28.400	3.80
7	24.600	3.80
6	20.800	3.80
5	17.000	3.80
4	13.200	3.80
3	9.000	4.20
2	4.800	4.20
1	±0.000	4.80
夹层	−2.900	2.90
−1	−7.100	4.20
−2	−13.100	6.00
−3	−16.600	3.50

结构层楼面标高   结构层高

	104.400	
屋面2	100.600	3.80
屋面1	96.800	3.80
25	93.000	3.80
24	89.200	3.80
23	85.400	3.80
22	81.600	3.80
21	77.800	3.80
20	74.000	3.80
19	70.200	3.80
18	66.400	3.80
17	62.600	3.80
16	58.800	3.80
15	55.000	3.80
14	51.200	3.80
13	47.400	3.80
12	43.600	3.80

图 10.5-18　编制结构楼层标高、层高表

（18）其他内容按结构设计进行绘制。插入图框完成该建筑钢结构平面布置图，见图 10.5-19。

图 10.5-19　完成建筑钢结构平面布置图

:::::: **10.5.2** **建筑钢结构梁连接节点大样图 CAD 绘制强化练习**

（1）本节以 10.5.1 节的钢结构的钢梁连接节点大样图为例，详细论述其 CAD 绘制方法与技巧，见图 10.5-20。

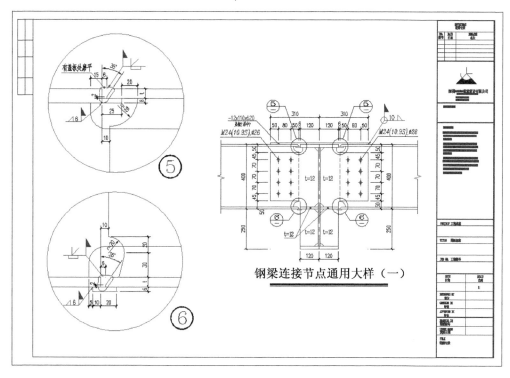

图 10.5-20　钢梁连接节点大样图

（2）按钢梁设计计算确定的大小，放大若干倍绘制（例如 10 倍，120 按 1200 绘制，其他类推）。可以先按 1∶1 绘制，然后使用 SCALE 功能命令统一放大 10 倍，见图 10.5-21。

命令：SCALE
选择对象：指定对角点：找到 1 个
选择对象：
指定基点：
指定比例因子或 [复制(C)/参照(R)]：10

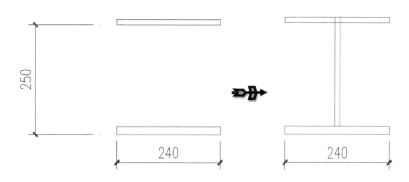

图 10.5-21　放大若干倍绘制

（3）继续钢梁轮廓造型绘制，绘制比例按前述确定的相同倍数进行，见图 10.5-22。

（4）通过进行镜像（MIRROR）快速得到对称部分轮廓造型，见图 10.5-23。

（5）将部分轮廓线设置为虚线线型，见图 10.5-24。

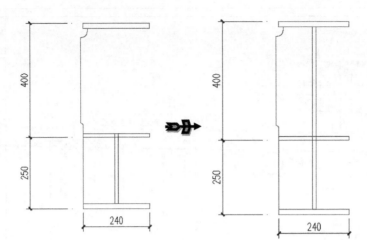

图 10.5-22　绘制钢梁轮廓造型

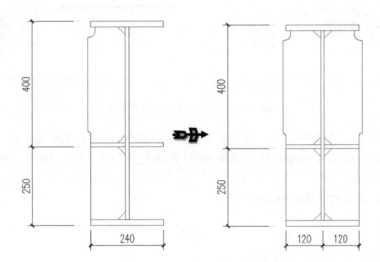

图 10.5-23　镜像得到对称部分轮廓造型

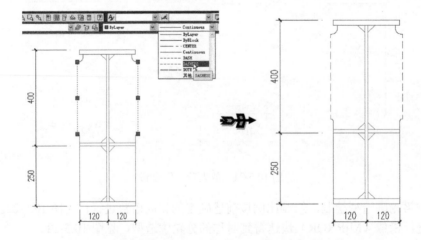

图 10.5-24　将部分轮廓线设置为虚线线型

（6）绘制与前述钢梁连接的另外位置的钢梁轮廓，其大小按相同倍数（10 倍）放大绘制。注意对称部分造型全部完成后再通过进行镜像快速得到，见图 10.5-25。

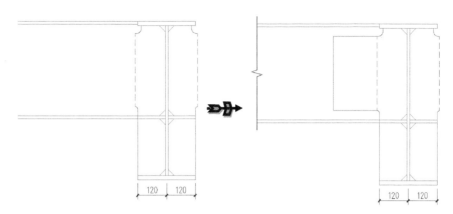

图 10.5-25　绘制与前述钢梁连接的另外位置的钢梁轮廓

（7）绘制两根钢梁上下翼缘连接处造型。其详细尺寸大小参见后面的详图⑤、⑥所列尺寸。使用 ARC、LINE、TRIM 等命令绘制，见图 10.5-26。

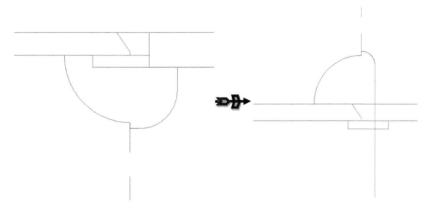

图 10.5-26　绘制两根钢梁上下翼缘连接处造型

（8）详图⑤、⑥所列尺寸，该详图的绘制过程限于篇幅，在此从略，见图 10.5-27。

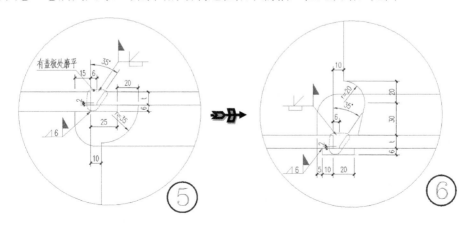

图 10.5-27　详图⑤、⑥

（9）绘制连接锚固螺栓造型，其大小比例按设计确定。使用 LINE、TRM、MIRROR、HATCH 等功能命令绘制，填充实心图案即可，见图 10.5-28。

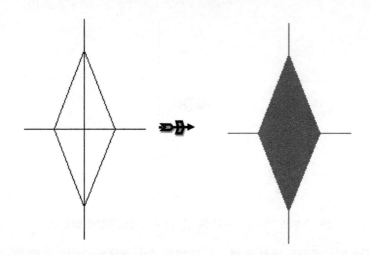

图 10.5-28　绘制连接锚固螺栓造型

（10）扣除上下边宽度，绘制一条直线并将其使用 DIVIDE 功能命令等分，注意先使用 DDTYPE 命令设置点的样式为 "X"，见图 10.5-29。

命令：divide

选择要定数等分的对象：

输入线段数目或 [块(B)]：3

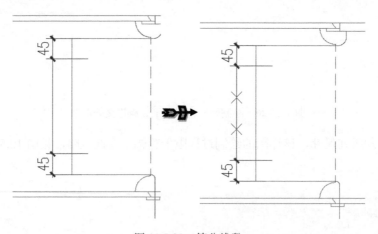

图 10.5-29　等分线段

（11）按等分位置点复制布置连接锚固螺栓造型，另外一侧通过镜像即可得到，见图 10.5-30。

（12）将图形进行镜像，得到对称一侧的图形，见图 10.5-31。

（13）对节点大样图进行文字尺寸等说明标注，见图 10.5-32。

（14）钢结构节点大样图中的其他内容绘制方法与前面类似。最后插入图框，完成该钢结构的钢梁连接节点大样图，见图 10.5-33。

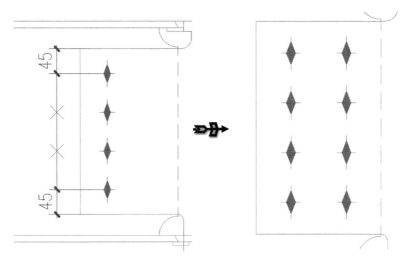

图 10.5-30 按等分位置点复制布置螺栓造型

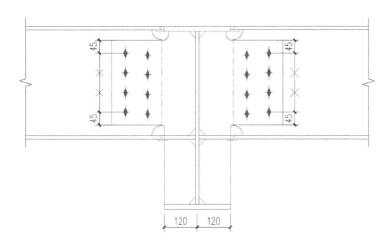

图 10.5-31 镜像得到对称一侧的图形

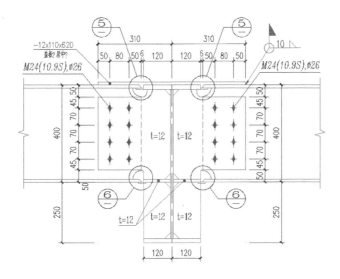

图 10.5-32 进行文字尺寸等说明标注

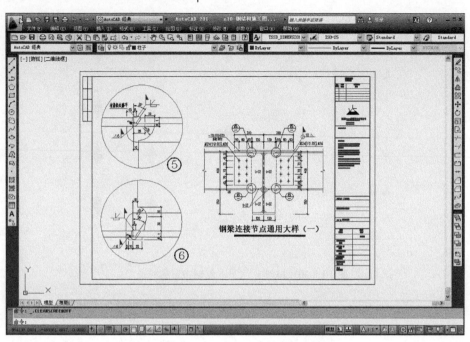

图 10.5-33　完成钢梁连接节点大样图